U0002932

18歲
的禮物

三位不同典型的年輕創業家
寫給你們的溫馨叮嚀

林曉芬、洪敬富、黃智遠——著

推薦序

懂得付出，才有機會得到豐厚的果實

紳裝西服董事長

李慕進

懂得付出，才有機會得到豐厚的果實，這點我在敬富身上看到了！

當今的年輕族群，需懂得「做人」比「做事」重要的道理，當由自身發出的熱度逐漸發散出來時，身邊的人也會得到溫暖，正所謂「魚幫水、水幫魚」，就是這個道理，這個社會才會有善的循環。

自從敬富加入我們「E世代總經理聯誼會」後，可見到新鮮人的希望，他目前也是會裡最年輕的會友，在跟他互動時，可感受到從不計較當下的努力，是否能在短期內得到成果，這或許跟他的生長環境有些許關係吧！

看著他臺南到北部打拚的過程，一個人力拚向上，從帶著

六萬元到今天成立自己的公司，擁有一個快樂的家庭，以現在
這個節骨眼來說，真的相當不容易。

　　有句話說：「有能力者要拉拔下位人，能力不足者要跟上
者請益。」

　　若年輕人懂得時時自我省視，臺灣未來必定會變得更好，
相當期待這本書帶給即將成年到 30 歲前的朋友們，找到人生
的方向與目標。

推薦人簡介：

李萬進

・　紳裝西服公司董事長

・　E 時代總經理聯誼會創會會長

・　2003 年榮獲義大利國際西服聯盟頒發西服大師獎

・　2000、2004 年連續二屆總統就職大典禮服設計師

・　多明尼加總統、聖多美總統訪華訂製西服設計師

・　1978、1979、1983 年榮獲內政部聘為國際技能
　　委員會西裝組國手指導老師，同時連續二屆獲頒
　　贈指導老師獎

・　多次代表我國參加世界西服競賽獲獎

推薦序

隨時都是準備好的狀態

日禕紡織董事長

蕭美玲

「認真的女人最美麗。」曉芬是我認識少數七年級女生中，如此勤奮、用心、無私的付出。

她常常說：「我會努力，謝謝大家給我服務的機會。」

我想告訴曉芬，因為你值得信任，你比同年齡的女孩懂事，你隨時都是準備好的狀態，所以現在順利可以展翅高飛。

因為緣分讓我們相聚，彼此了解後發現，曉芬和日禕紡織企業都秉持著相同的理念：品質第一、服務至上的政策，永續及堅持的服務客戶與客戶共享成長利益。

期盼八、九年級生，能藉由此書的分享，對人生的藍圖有所規畫，不再當所謂的靠爸族、靠媽族，進而對社會國家有所奉獻。

推薦人簡介：

蕭美玲

- 日禕紡織企業股份有限公司副董事長
- 桃園市政府警察局志工大隊大隊長
- 桃園市女企業家聯誼會副會長
- 桃園市新屋區運動舞蹈發展協會創會長
- BPW 台灣國際職業婦女協會桃園博雅分會創會長
- 加拿大皇家大學 EMBA 碩士

推薦序

把自己的能量傳遞給正好有需要的人

欣竑科技負責人

何淑子

　　任何事情會成功都一定有原因，曉芬的事業以及本書能成功出版，代表她是個不平凡的女人。

　　在社團裡，曉芬其實是個低調的人，就像是結實纍纍的稻穗總是低下頭來。她又像是個橡皮人，遇到社團裡各行各業的姊妹，能伸縮自如與每個人都一見如故。

　　在讀過曉芬的故事後，才發現原來我還沒認識真正的她，她的故事在五〇年代很稀鬆平常，但對於七年級生來說著實難能可貴。

　　我曾經跟曉芬分享我的經營理念──以終為始。我在曉芬身上也看到了一股堅持的力量，她總是知道自己的目標在哪裡而就勇往直前。我問她怎麼想出書呢？她說：「這是我的夢想，

也想把自己的能量傳遞給正好有需要的人。」

　　我也在此勉勵八年級後的孩子，即使處在一個無知的世代裡，你們更不能安於現狀，相信曉芬的故事能帶給你們一些改變的力量。

推薦人簡介：

何淑子

- 欣竑科技有限公司董事長
- 協竑企業公司董事長
- 桃園市政府市政顧問
- 桃園市政府警察局志工大隊副大隊長
- 桃園市政府警察局巡守志工副中隊長
- 國際職業婦女協會博雅分會第二屆會長
- 桃園縣婦女企業管理協會理事長
- 桃園縣婦女美食協會創會理事長
- 中原大學博雅會會長
- 南亞技術學院校友會理事、傑出校友

推薦序

為臺灣帶來正向的力量

開南大學進修推廣處處長

李宗耀博士

　　洪敬富、林曉芬及黃智遠三位作者，他們年紀輕輕就已立大志及開創事業。本書列舉他們的故事，主要激勵臺灣現行年輕人，要敢於擁抱及開創自己人生，感受親友期望、承接家庭責任、實踐公民社會、履行國家義務及開創國際視野。

　　喚醒及導引臺灣現在及未來青年人，在家庭及學校教育與保護下如何成長？在網路開放無遠弗屆的環境如何創新？在虛擬大量資訊如何找出自己的生存之道？在 18 歲時就已立大志及開創事業的案例中如何去效法？

　　臺灣的年輕人是臺灣的希望，也是創造力及競爭力的來源。如果沒有年輕人承接臺灣未來的責任，那麼臺灣就沒有希望了。臺灣的年輕人要做自己，努力用心學習，因應環境變化

而成長，立定志向堅持一定會成功。

　　本人教書數十年及兩岸學術交流，發現一個趨勢，年齡分布 50 歲以上，臺灣人力優於大陸人力，年齡分布 50 歲以下及 30 歲以上，臺灣人力與大陸人力各有優勢，30 歲以下的臺灣人力與大陸人力，本人不願作評論。

　　天佑臺灣的年輕人，如何用功勵志？如何吃得苦中苦、方為人上人？如何學習成長？都是老生常談的事，年輕人要趁早建立正確求學勵志的方向及習慣，創造富有的人生，本書值得再三的閱讀。

　　作者之一的黃智遠，是開南大學企業菁英班的學生，事業忙碌之餘，仍然選擇進修，增加自己的本質學能，實屬難得！在班上擔任活動長的他，熱心助人，人緣甚佳，我很榮幸能夠為他寫推薦序，祝福新書大賣，激勵無數青年，為臺灣帶來正向的力量。

推薦人簡介：

李宗耀博士

- · 交通大學科技管理所碩、博士畢業及兼任副教授
- · 開南大學國際企業學系（所）副教授
- · 開南大學進修推廣處處長
- · 桃園社區大學校長
- · 桃園區長青學苑計畫主持人
- · 新竹後備司令及指揮官
- · 北阿巴馬州立大學 EMBA 學程兼任副教授
- · 負責中大型專案（研究型、教學型、行政型）
  計畫 60 餘件

前言

年輕人，立志要趁早

統籌編輯

黃智遠

往前走，是光明燦爛、遍地希望、一個廣闊的新世界。

往前走，也可能是雙眼迷惘、一路挫折、充滿未知的領域。

18 歲，當然還是年輕人，但絕對不能再說是小孩子。

18 歲，不能再躲在成人背後，所有的法律責任，從這個年紀起都要自己承擔，不能再推給監護人。

18 歲，許多人胸中看似充滿大志，實際上對世事卻仍懵懵懂懂，才剛過了青澀的少年十七，接著不論升大學或就業，面對的都還是未知數。

這是人生重要的**轉折點**，在古時候，女孩子到這年紀還未結婚就算晚婚了。至於男孩子，雖然滿 20 歲才叫弱冠，但 18 歲已是可以征戰沙場、揚名立萬的年紀，例如西漢名將霍去

病，18 歲就已是驃騎將軍了。

放眼近代，那些成就非凡、成為企業典範的名人，久遠些的如王永慶、李嘉誠、蔡萬霖及股神華倫・巴菲特等，18 歲時都已經開始在打拼事業。近代的首富，如微軟創辦人比爾・蓋茲及臉書創辦人馬克・祖克柏，也都是在 18 歲後沒多久，就在大學就學期間開啟他們影響全世界的事業。

就算站在 2018 年這個時間點來看臺灣，也找得到許多未滿 25 歲就已經創業或在不同領域，諸如體育、烹飪、音樂等奠定一定知名度的英雄。

似乎 18 歲已經可以是個準備站上世界舞臺發光發熱、傲視群雄的年紀。

但換個角度想，這是個普遍的現象嗎？

正在閱讀本書的讀者，如果你是個正準備去大學報到的新鮮人，或者還是穿著制服、每天去高中上課的同學，也不要因此緊張害怕，擔心怎麼那麼多人很有成就了，自己卻還只是個不知天高地厚的學生，甚至連戀愛都還沒談過呢！怎麼就有人那麼快就創業，或者成就非凡？

的確，在臺灣每年約有十多萬的大學畢業生，他們畢業後就滾入茫茫的社會大海，多數人之後會成為平凡的中產階級，

在不同行業過著普通的生活。

少數人變成有權有錢、位在金字塔上方的人物，當然也有一部分人會淪入生活低谷，甚至晚境堪憐。

在這些人之中，30 歲以下就有一番成就，並且在之後人生沒有跌入低谷的少之又少，若以社會現實面來看，那些企業家、被人稱做成功人士者，多半是在四、五十歲後才算創業有成，或在企業裡攀上高位。

然而，無論是將來可以創業成功，或者在各自的領域建立功業，抑或是一生過得浮浮沉沉、高不成低不就的，回首只剩遺憾。我們可以清楚發現，如果若人生可以重來，他們一定會發現，影響他們這一生很重要的關鍵，往往就是在 18 歲那年。

是的，如果有機會坐著時光機回到從前，那麼 18 歲會是許多成年人願意回去「改過自新」的一年。

當然，時光一去不復返。

千金難買早知道，逝水只能追憶，永遠無法追回。

於是，人們總最愛懷念當年那個 18 歲。

本書希望獻給還未滿 18 歲的你，當然，裡面的許多叮嚀也適用在 20 幾歲的學生。甚至就算已經年滿 30，很多書裡的智慧也還是可以派上用場。畢竟 30 歲在社會上還算年輕，所

謂「人生七十才開始」，30 歲的人前面還有很長的路要走呢！就算到了 35 歲，要再來談創業或開創新人生，也都還在年輕人的範圍內。

關鍵還是在內心願意改變的心。

年輕真好，年輕有的是可以無限發揮的青春，但可不要淪為無限揮霍。

年輕絕不要留白，但填空的方式可以更有內涵，讓未來回首時可以有更多的感謝。

本書由三位不同經歷的年輕人合著，要分享不同的年輕成長經驗，並彙整希望給年輕人啟發的重要叮嚀。

洪敬富，出身南臺灣貧戶，家境不好的他，直到 18 歲前舉家都寄人籬下。但他二十多歲就創業，他的公司如今是臺灣最頂尖的設計師產業顧問公司。

林曉芬，小學開始送報，學生時代必須自己賺錢過活。她 18 歲開始接觸旅遊產業，從基層做起，歷練過不同的挑戰，才二十幾歲就創業，成為臺灣最年輕的旅行社女性董事長。

黃智遠，曾經遭受事業與婚姻的雙重打擊，讓人生跌入谷底，心臟主動脈剝離，經歷生死，從小自卑的他，人生似乎看不到希望。但他卻能夠在一朝幡然醒悟後，建立正確的人生

觀，如今他事業有成，也是知名的講師，更用生命去影響更多
生命。他認為人生的關鍵期在青年，18歲是影響一生的關鍵。

　　透過三個人分享的智慧，相信不但對年輕人是本可以趁早
建立正確信念、開展亮麗人生的書，對於已經入社會的成年人
來說，本書也一定有許多可以做為改變生活的指引。

　　年輕人，立志要趁早。
　　這樣才能讓你一路成功到老。

目次

年輕人立志篇

年輕人立志篇

☆我要給年輕人最真摯的建議：

　　請先創造自己可被利用的價值，

　　走進社會，先不要問這社會能給我什麼？

　　請先問自己可以付出什麼？

　　這樣，你才能真正被人接納，

　　逐步走出受到肯定的路。

　　　　　　　　　　　　　——洪敬富

第一個禮物

建立正確的人生觀

　　身為企業顧問，以及參加十多個社團，我每年與數百家企業接觸，看過各行各業的領導人或業務幹部。當面對不同的挑戰，許多人競逐同一個市場，大家都要爭取步步高升，但終究只有少數人能脫穎而出，更多人則是庸庸碌碌。

　　這之間的關鍵是什麼呢？

　　當然，我不諱言許多事情和機運有關，另外是否得遇貴人，或者是否處在一個正向健康的環境，對一個人的成長也有幫助。

　　但看遍眾生百態，這裡我要提出一個最關鍵的影響因子。當兩個人面對同樣的挑戰、同樣的關卡，主導一個人可以脫穎而出的關鍵，就是一個人的**基本人生觀**。

　　遭遇事情的時候，如果心境是正面的、是必勝的、是不放棄的、是一定要追求成功的，那就會贏；相反的，如果心境是可有可無的、沒關係我還年輕不要急、抱持著「我真的可以

嗎？」，或者根本就是想碰運氣心態的，就會輸。

　　許多人以為這些都是老生常談，認為自己碰到事情的時候，就可以鼓勵自己要上進、要堅強。實際上，**正確的心態是一種長期養成的習慣**，你不能即興式的以為像電視劇演的那樣，一秒變英雄。

　　許多時候，堅強的意志要從年輕時就開始培養起，並且要設法自我鍛鍊。

洪敬富的故事：沒有自己家的貧窮小孩

我是臺南人，出生在仁德鄉。我的母系祖先原在嘉義養殖魚塭，不幸某年冬寒魚苗全凍死，生計無著，只好輾轉遷移到臺南，過著克難艱困的生活。我的父母學歷都只有小學肄業，大部分時候以打零工維生。

自我有記憶以來，從沒一天感受到全家團聚的溫馨快樂，在我還很小的時候，就不常看到父親，母親一人含辛茹苦教養三個孩子。為了生計，我們舉家搬到母親的小舅家住，感恩小舅讓照顧我們一家住了十多年，從未向我們收半文錢。

就這樣，我和兩個妹妹從小寄人籬下，一直到我讀大學都是如此。

心境上，從小連自己的家都沒有，理所當然的自我感覺就是矮人一截，更慘的是，我的個子還真的就是比一般人小，學生時代才一百三十幾公分。我的成長環境，既沒有好的出身背景，也沒有什麼長輩可以給我啟蒙或任何指引。

從小學到中學，印象中，大人對我的管教方式是有錯就直接打，連學校要繳費用，跟家裡拿錢有時也會遭到責罰，因為當時家中經濟實在有困難。

　　其實平時親戚對我們很好，只是那個年代，南部鄉下許多
地方日子過得不易，每個人的講話方式也比較帶些抱怨以及對
坎坷命運的無力。

　　一路走來，身邊周遭大家日子過得都苦，也不會聽到什麼
勵志正面的話。理所當然的，我既像個憤世嫉俗的少年，同時
又是自卑自憐的小矮子。

　　記得直到我大學時代，都還不脫這種自卑心態。

◎看到小學生畢業旅行會想哭

　　我是如此的自卑。隨著年紀越大，自己的見識越長，就更
覺得，我的成長都是靠親戚養的。我們一家四口，都是靠這樣
接濟，這些年來也從未收過我們家一毛錢房租。一方面當然要
心存感恩，一方面卻也覺得自家怎麼那麼無能。這種心態的演
變，讓我一開始有工作能力，從中學時代就拚命想要去賺錢，
就是不想讓自己永遠成為被援助的人。

　　當然，現在回想起來，當時的心境比較偏激。但無意中帶
來的好處，就是讓我很早時候就學會想去自力更生。以心態來

說，是錯誤的出發，但當時的打工，的確對我未來人生有莫大的影響。

我從兩、三歲起，跟著母親搬入親戚家，直到考上大學前都無法自力更生。連學費都繳得辛苦，生活自然無法求得多舒適，至於學校的畢業旅行，我從國小、國中一直到高職，一次都沒有參加過。

事實上，我第一次真正參加的畢業旅行，已經不是以「畢業學生」的身分參加，而是當個領隊。那是我大二時承接的一個打工任務，當時是去當一個帶團的領隊助理，那時才是我人生第一次參加畢業旅行，也是我當時人生難得的北上經驗。

一個自己本身都很少旅行的人，帶團怎麼帶？當然，大部分時候就照著預先記好的景點內容稿唸誦。然而我當時的心境是激動的，當滿車的孩子無憂無慮享受著他們的畢旅童年，我看著他們時，眼眶已經濕濕的。

從孩子身上，我也看到很多從前自己的影子，當老師要孩子不要調皮，不要在車上沉迷電玩，我也想著自己以前的老師是怎麼跟我講話，當時有誰願意來督促我、關懷我？

看似自卑自憐，不過當時的我，已經經歷過一次立志奮鬥的階段。最明顯的例子，就是至少我還能考上大學。

◎從放牛班一路成為大學生

考上大學容易嗎？如今大學錄取率那麼高，念大學已經不稀罕。而在我考大學的那個年代，臺灣的大學也已經逐漸普及了。但我仍必須說，考大學並不是那麼容易，因為生活環境因素，對許多人來說，念完大學仍是一種奢求。

環境影響人甚鉅！我當時成長的環境較為艱辛，但最大的轉捩點就是在中學時期。我從小學就不是個乖孩子，一直到中學都還是平常不學好，老是跟人起鬨，個子小比什麼都輸人家，然後每天都慘兮兮的那種小混混。

少年的我滿心憤慨，覺得家中沒溫暖，哥兒們才能給我溫暖。但哥兒們都愛幹嘛呢？都愛蹺課、遊手好閒，當時沒做出犯罪的事已經算是大幸了。這樣的我，中學時念放牛班，也只是剛好而已。

如果照這樣的勢態一直發展下去，我將會繼續沉淪，我的人生就會更加暗無天日。當時也沒有老師想要開導我，都把我們當做無可救藥的孩子。我有一天自己覺悟，再這樣下去不行，那年我在校已經小過一堆、大過快滿，忽然間我驚覺到自己快被退學了。

　　如果說是誰點醒了我，我無以名之，姑且就稱作是老天吧！從那天起，我就忽然發憤想念書。

　　但念書也必須要有適當的環境，當時放牛班都是打打鬧鬧的同學，我若一個人在一旁念書，委實跟整個班級氣氛無法融合，而且噪音太多，我也無法安心進修。逼不得已，只好去哀求 A 段班的老師，讓我一起參與晚自修。

　　當時老師竟然不歡迎我，怕我會帶壞他們班學生，後來看我一再懇求，很有誠意的樣子，總算允准我參與晚自習。

　　一個人只要心態轉變，整個人生就會跟著轉變。我真的想念書了，就會想方設法找時間、找地方去念。終於我後來考上高職，念了電機科，之後也順利升上了南臺科技大學電機系。

　　而後人生因緣際會，我變成一個企業顧問。我經常回老家探望好朋友，言談間也希望大家一起擁抱未來，我很想說，若有可能，我可以伸出援手幫忙，讓大家有錢一起賺。

🎁 人生的啟示：改變自己，就能超越環境

不可否認，一個人之所以可以成長為如今的這個「你」，背後一定經過許多的支援。

一個出生企業家或富裕人家環境的子女，從小因為環境因素，會有比較多的機會接觸到正面的人事物，可能耳濡目染的是父親，或是家族企業的經營管理概念和理財觀。此外，也可能會有比較多的機會遇到貴人。

所以出身環境優渥的人，的確比較有機會學習到各種上流社會的禮儀，乃至於很早就見識到高層社會的生活。至於各種學識，包含語文、理化、電腦、技藝，也比較可能贏在起跑點。

然而，如果一個人在社會上可否成功，完全依賴這些背景，那就好比出生在一個階級分明的社會，每個人出生在什麼階層，一輩子的命運就註定了。

好在現實社會並非如此，至少在臺灣不是如此。

臺灣非常好的一點，至少教育機會平等，不論是否被批評為填鴨式教育，我知道一個三級貧戶跟一個住帝寶的孩子，同樣有權利念北一女、念臺大。只要肯上進，誰都可以追求自己的前程，畢業後，不論要進竹科、鴻海還是國泰人壽，也沒有

任何企業會因為一個人的出身高低來決定錄取與否。

因此，**整個人生的成功關鍵，還是在於自己的心態，是否可以超越。**

如果你出生環境不錯，那很好，給你的建議如下：

1. 學習謙卑的心，讓自己不要從小就養成傲慢的心性。
2. 永遠不要認為自己已經「很懂」了，若從小就坐井觀天，以後成長的空間就會很有限。
3. 試著不要依賴，試著假想若父母哪一天不再支援你，你還會成功嗎？
4. 建立屬於「自己」的能力，不要想著自己要繼承家業。

如果你出身環境不好，所謂不好，不只原生家庭貧窮，也包括成長在偏鄉、單親家庭、有家暴的環境（不論家境富裕與否都可能），或者學生時代交到壞朋友，曾經誤入歧途不學好……等，對於在這樣環境長大的你來說，由於你正在看這本書，代表你很有心想要突破，這樣的心態是正確的，因為你真的必須突破。給這樣的你建議如下：

1. 你必須摒除自卑的心性，絕不要認為自己出身不好，一輩子就完蛋了，沒有這回事。

2.　不要認為自己低人一等，這種習慣若從小養成，將來很容易變成「習慣性」的自暴自棄。

3.　總是認清什麼是正確的方向。今天的你也許還沉迷在遊蕩玩樂，但你要每天都如此嗎？人總要長大，你總要想到未來吧！如果你是學生，趕快回到課本上，這不是說教，這是人生的現實。你現在的貪玩，將影響未來幾十年的人生。

4.　永遠不要抱著恨意，不要憤世嫉俗。我知道身為外人，我無法體會你碰到的人生不如意，但這句話不是為我，而是為了你自己。恨意只會燃燒自己，把自己燒盡就什麼都沒有了。如果真的有恨，例如對成長家庭不滿或者怨恨學校的教育，不如化成上進的力量，把自己變得更好，就是最好的突破方式。

請真的改變自己的心態。18歲的你，擁有健康正面的心態，如此，才能接著開啟未來真正燦爛的人生。

第二個禮物

業務力是必要的能力

相信身為讀者的你，即使現在還只是個學生，但關心職場發展的你，一定多多少少聽過一種說法，那就是：「將來入社會工作後一定要做業務，否則就不能賺大錢。」

其實這句話不是百分百正確，正確的說法是，人人不論處在哪個行業，都應該培養自己的業務能力。

的確，放眼現在以及未來的職涯發展，一個社會新鮮人，假設沒有來自長輩的金援或繼承家業，想要從零開始，那能選擇的真的不多。

方法一：

透過創新，研發出新的產品或機制，透過微型創業，社會上也的確有許多二十幾歲就創業有成的年輕老闆，他們開發的多半是網路行銷或應用相關的商機。

方法二：

　　擁有特殊一技之長，不論是體育、音樂、廚藝、寫小說或刺青等，當你成為一個「達人」，也是有機會在二十幾歲就年收入優於他人。

方法三：

　　投入特殊金融理財領域，也有許多年輕人靠房地產、股票等操作年輕致富，但這畢竟是特例。

　　此外，若想短時間內讓自己年收入優於他人，唯有讓自己的工作結合業務力：

1. 如果想在一家企業領到較高年薪，唯二的兩種可能，一是專業技能（如高階工程師），另一個更大的可能就是讓自己的收入包含業務抽成，讓自己可以靠實力賺取高薪。

2. 你可以自己開店創業、開公司創業，甚至在網路直播賣商品，這些統統都要有業務能力做基礎。

3. 最常見的情況是，年紀輕輕就能收入高於其他同學，業務能力絕對離不開你，只要擁有它，在人生職涯上

　　一定大有加分。

　　上面所有的其他選項，包括高階工程師、網路開店……等等，最終決定財富的勝負關鍵，其中「**業務力**」所占的比例就相當高。

　　不論是創業老闆、個人產品銷售，最終想要成為社會頂尖的關鍵，都會運用到業務力。好比說，擔任高階主管，就算不是擔任業務經理，而是財務經理、品管經理……等等，若要領超高薪資，工作內容除了專業領域外，絕對要有業務實力。

　　所謂的業務，包含與客戶的溝通、擔任老闆與員工間的橋梁，以及腦海中對於成本與收入和公司營收間關係有基本認識，擁有這樣的專才，公司才願意付高薪。

　　放眼未來十年、二十年甚至五十年，相信「業務力」一定仍是致富的核心關鍵。

　　誠心建議年輕人，與其入社會後再跌跌撞撞的，既想要高收入卻又害怕學習業務相關工作，不如從年輕時代就開始培養業務能力。

　　所謂業務能力，先不用擔心什麼複雜的推銷技巧，也先不用管什麼口才培養或應對進退禮儀，試著讓自己在學生時代，就由嘗試與陌生人講話做起吧！

洪敬富的故事：我很早就開始學習銷售了

說起我自己做生意的歷史，那真的相當早，不是我有先見之明，知道要提早磨練，實在是被生活所迫。當時做生意，只是為了基本的過活所需而已。

早年的業務經驗，真的沒學到什麼技能，但重點是，只要是做業務，就可以面對陌生人。所謂業務有兩種，一種是靜態的，例如我們開店做生意也是要業務，客人來要能留得住；另一種是動態的，就是主動推銷商品給陌生人，包括電話行銷。

還是中學生的我就已經開始做業務，做的是靜態業務，那時我在賣冰。

緣由於我母親那邊的一位阿姨，想要協助我早點認識社會，培養我的工作實務經驗，於是幫忙我弄了一個小攤位，由表哥當教練，指導我如何經營一間冰店。

就這樣，我開始在臺南新市的一座橋下擺攤賣冰。那個地方不收租金，生財設備由阿姨家提供簡單的臺車，我和表哥學會如何製冰、如何賣冰後，就開始在那邊賣仙草冰。

每天四、五點就要起床，然後經常得一個人騎著腳踏車，來回十多公里去載料，冰塊以及仙草塊要去不同的地方買，至

於糖汁則由阿姨協助熬煮。

　　做冰的辛苦自不用說，但更辛苦的是面對客人，雖然一碗冰才 25 元，可是還是得滿足不同的客人。曾經有許多次碰到「奧客」，甚至還被翻桌，只因我好心放了比較多的仙草，客人卻說他點的是仙草冰，為何仙草比冰多？

　　當時碰到客人生氣，我這個瘦弱的中學生也只能不斷點頭致歉，那是我最早的業務記憶。

◎賣魚讓我轉大人

　　賣冰的歲月大概持續了一年，後來在某個夜裡，竟然有小偷把我的刨冰機偷走，當時欲哭無淚的我，只得無奈的結束這個生意。

　　更早之前，我也有一些類似業務但還不算業務的經驗，例如國小時曾在親戚家開的早餐店幫忙接待客人，當時不知何謂「薪水」，最終就是得到一臺腳踏車當報酬。

　　另外大約在我讀小二時，有段時期媽媽曾在臺南市區擺攤，賣肉燥飯、綠豆湯之類的，當時母子倆誰都不懂得如何做

生意，也不會招呼客人，最後是賠本收場。

　　真正比較像大人般從事業務工作，是在高職一年級的那個暑假，我去應徵了業務工作，做的是手機銷售，當時我一個工讀生，竟然做到全公司業績第一名。

　　之後我為了培養經驗，接觸到各式各樣的打工，不論是賣手機或者看店，接觸的人都還沒那麼多，直到高職的某個暑假，我才真正經歷了業務工作。

　　那時我去一家全國知名的賣場服務，大家知道，賣場裡有各式各樣的部門，有生活必需品，也有生鮮類食品，而我當時被分配到生鮮部門工作，負責的是水產部。

　　在水產部要幹嘛？自然是要賣魚。這工作不容易，首先，我要抓魚，還要學殺魚，每天弄得髒兮兮的，更困難的任務是還要叫賣。我要對著滿場的陌生人喊著：「快來！快來！保證新鮮的漁獲，活跳跳、看得見，便宜美味特價帶回家。」

　　我一個生澀的中學生，一開始拿著麥克風，還真的不知道該怎麼喊。老闆也知道我生嫩，拉著我說：「少年仔，沒什麼不敢講的。出來賣，就是要敢，看我的！」說完示範幾次，接著換我喊。

　　初始當然還是覺得很「丟臉」，但想想，我在丟臉什麼？

我又不偷不搶，為了生計打拚賣魚，有什麼好丟臉的？第一天還扭扭捏捏的，第二天、第三天就比較自然了，後來反倒天天都是我在喊，老闆只在後面忙他的事。

甚至後來我已經可以這一分鐘拿著麥克風對客人喊，人少些時去和旁邊熟食攤老闆聊天，有人來了立刻又切換成「叫賣模式」。

原來臉皮就是磨出來的，當你開始不在意別人的眼光，不在意你的喊話會成為焦點，你只關注在你做的買賣，你就突然「轉成大人」了。

◎ 20歲入了業務魂

一個人只要願意讓自己開始嘗試，願意勇敢一次，讓自己開始做業務，不用太高深的學問，只需「放開胸懷」面對客戶就好。你會發現，業務沒那麼難。

那次的賣魚經驗，直到暑假結束開學後，我仍繼續打工。後來是因為經常全身魚腥味，就算回家洗過澡，第二天同學還是清楚可聞，為了不影響學業，所以才停掉。

　　但這回的經驗對我來說真的很重要，這讓我之後找工作，不會一味的只想找「安全」、「簡單」的，而願意去找比較具有挑戰性的。

　　大一那年，我就主動去找銷售工作。我去一家衛浴用品公司應徵，做的是沒底薪只抽傭的銷售。我們銷售的據點選在大賣場，其實就是類似中學時賣魚的經驗，只不過這回不是賣魚，而是賣蓮蓬頭。

　　很難想像，曾經在中學時還是個自卑的男孩，但是經過在賣場賣魚的歷練後，我已經像是個有模有樣的生意人，穿著公司的制服，沒人知道我還是個在學的大學生。

　　賣蓮蓬頭可不像賣魚那般，只要叫喊著讓人靠近看魚就好。賣蓮蓬頭需要「表演」，需要現場說唱俱佳的能力，例如手中拿起兩個不同的蓮蓬頭，對著現場顧客喊著：「某牌的傳統式蓮蓬頭啊！噴起來就是水壓不夠，浪費水，不實用。至於我們家的蓮蓬頭呢！可以調水壓，方便操控，水量大。」

　　當然，我也不是一開始就那麼會演。事實上，公司也只交代任務給我，之後業績各憑本事，也沒什麼教育訓練。但我為了生存，在那種環境自然磨練出越來越好的銷售技巧。乃至於每當我只要一開始叫賣，就會圍起一群觀眾，我的努力甚至也

幫周邊的攤位帶來人潮。

那年我不過才 20 歲上下，卻已將業務力提升到了另一個層次，一天可以賣出幾十支蓮蓬頭，最差的時候，業績也從未掉到二位數以下。

我從沒上過任何的行銷課，但很多經驗真的是從做中學。例如曾經有一次，有個阿姨聽我講解完，當下就要結帳帶一支回家。我趨前過去問道：「阿姨，你要買蓮蓬頭喔！」她說聽我說得那麼好用，當然要買回家用。

我接著問她，難道家中只需要一個蓮蓬頭嗎？家中有幾套衛浴設備？洗碗的時候是不是改用這種蓮蓬頭比較好沖洗？家中是否有花園？傳統澆花不方便，用這種蓮蓬頭澆花才夠力道，又好掌控，而且洗車也很方便。

講到後來，聽到阿姨連連點頭稱是，我還繼續加碼：「既然認定這產品那麼好，何不好康道相報，也分享給鄰居，你送他們一支，敦親睦鄰，他們也會感謝你啊！」就這樣不斷遊說推介，那天那個阿姨結帳時，買了十多套蓮蓬頭回家。

當時我年紀輕，一心只想賺錢，我承認當時的心態不對，事後那個阿姨也後悔了，回來退貨退了好幾組。

但重要的是，在 20 歲那年，業務魂已經上身，這輩子我

再也不擔心面對陌生人。以此為基礎，後來開拓我的事業道
路，我自從大學畢業後從事業務工作，直到自己創業當老闆，
都仍是個業務人。

　　在業務旅程上，能讓年輕人看見人生百態。

🎁 人生的啟示：你不做，怎麼知道不可以？

這是個普遍的現象，也是個有點悲哀的現象。

我看到許多年輕人，找工作的心態是怕麻煩。從前人們要找工作的最佳條件是「錢多、事少，離家近」，新生代的年輕人就業，除了要求「錢多、事少、離家近」外，還要「老闆必須好相處」。

如果人人都想安逸，以為坐辦公室吹冷氣，當個主管吩咐下面的人去跑腿，自己負責「動腦」最輕鬆。實際上，這世界上沒有那麼好康的事，想賺錢就必須付出，越是敢去面對人家不敢面對的事，就越有機會賺大錢。

平心而論，做業務害怕的是什麼？通常不是害怕技能不足，而是害怕丟臉。

你敢在大街上發傳單給陌生人嗎？是怎樣的心態？把單子趕快灑完就好，還是會用心邊發傳單邊和陌生人說幾句，請對方來光臨？

你敢打電話給陌生人嗎？就算不是要你推銷東西，只是要你去追蹤產品使用狀況如何，這樣的電話你敢打嗎？

你可以站在一個陌生的老闆面前，接著遞出自己的名片，

說你是某某服務的專家，是否願意打擾幾分鐘，或約個時間來談合作？

曾有人做個實驗，在路上把身無分文的實習生丟在偏鄉路邊，要他們自己設法回來，不能找警察，也不能打電話跟家人朋友求救。

這時候又餓又渴，甚至到夜晚也感到陰冷，怎麼辦？被逼到後來，有人就開始敢跟陌生人講話：「拜託可以借我錢嗎？」、「拜託可以搭便車嗎？」

當有了第一次經驗就會發現，跟陌生人講話也沒那麼難，都是自己給自己設限，真的沒什麼好怕的。

另外，有些人認為做業務就一定要會抽菸、會喝酒，要應酬等等，以我自身為例，我從來沒有抽菸、喝酒、嚼檳榔等習慣，也不會因此就無法和客人打成一片。

說到底，所有的「以為」，許多都只是逃避的藉口。

你以為那些業績高手們，都是天生口才一流的嗎？

你以為那些電話打不停的人，從來沒被拒絕過嗎？

你以為那些每月收入六位數字以上的人，都是 MBA 出生，有著專業的培訓歷程嗎？

　　凡事都有第一次。

　　我相信，如果這樣的第一次，發生在你 20 歲之前，甚至 18 歲以前就已經接觸，相信你的人生有機會比一般人更快得到財富。

第三個禮物

出奇制勝來自於勇於嘗試

很多人好奇，我的出身好像有點奇怪。

首先，我從中學到大學念的都是電機科系，完全沒有商學背景。後來我入社會後雖然從事了多種業務工作，但我的過往履歷裡似乎都跟「行銷」沒有直接關係。甚至我連碩士學位都沒有，但如今我卻成立了企管顧問公司，成為全臺灣現今極少數針對室內設計業輔導經營的「成功指標」，我用實際成績真正幫助我所輔導的公司，年年成長，獲得佳績。

我是怎麼做到的？

這是最多人的誤解，我知道很多年輕人討厭業務的工作，卻嚮往企畫及行銷類型的工作，以為業務沒有門檻，人人可做，後者則需要高深的知識，聽起來比較有氣質。但實際上，行銷和業務是一體的，沒有好的行銷做後援，業務推展會比較困難；沒有業務實際的作為，行銷再多也只是紙上談兵。

因此一個成功者必須要既懂行銷也不怕做業務。事實上，

一個有實戰業務經驗的人，若去參與行銷工作，一定可以更得心應手，他對客戶的心態也能拿捏得更精準。

的確，我不是行銷學出身，但我做出的成績，絕對不比行銷企管科班出身的人遜色，因為我靠的是實務經驗。

什麼叫實務經驗？簡單講，就是我的社會閱歷，經歷過各行各業的體驗，知道許多眉眉角角的事，不論是高科技 3C 產品，或是路邊賣飲料，談生產、談客戶、談趨勢、談人情冷暖，我都可以跟客戶聊得來。

並且因為見多識廣，很多事我都可以觸類旁通，當別人侷限在自己的領域內鑽不出來時，我卻可以很快用另一個角度，替他想法子解套。

因此後來我能夠成立企管顧問公司，關鍵是什麼？這讓我想起孔子說的一句話：「吾少也賤，故多能鄙事。」

是的，關鍵就是：**多能鄙事**。

洪敬富的故事：我賺的不是金錢，是經驗

說起我的打工經驗，如果說讓我出一本《大學生打工指南》，是絕對沒有問題的。

中學以前的打工經驗不算，光是念大學後經歷的打工經驗，就足足有一、二十項之多。很多人會誤會，我是因為禁不起吃苦才會工作換來換去，其實我要說，換工作有兩種情境。

第一種是因為與人相處不愉快、業績不好混不下去，或者種種的不適應而離開。這種換工作的情境，其實就是半途而廢的意思。

第二種是已經抓到了工作訣竅，也在單位與人和睦，甚至受到讚譽，之所以想離開，純粹是因為想追求更多的可能。

簡言之，你是為了更高發展成就而換工作，還是被環境所迫不得不換工作？同樣是「換工作」，但境界卻差很多。

◎**我念的是社會大學**

必須說，我從大一開始，就開始有這樣的體悟。那是因為

我從過往的經歷發現，人生百態真的非常有趣，讓我想去接觸更多的世界，否則以我銷售蓮蓬頭的佳績，當時就已經有不錯的收入，主管也很肯定我，為何我要轉換跑道？

因為我覺得年輕就是本錢，除非我將來的志向就是賣蓮蓬頭，否則，我將自己的年輕時代定位為學習階段，因此每當工作做到一定成績時，我就想再次轉換跑道。

大二開始，我去飲料店打工。是的，我放棄了那份靠業績就可以「麥克麥克」的銷售員工作，改去店面賣一杯杯的飲料，貪的自然不是那一點時薪，而是想要實地融入不同的互動模式，每天與人互動。

別看賣飲料好像很簡單的樣子，剛開始上班時我也弄得七零八落的，每種飲料該什麼搭什麼，弄得我手忙腳亂，還曾為了弄一杯珍珠奶茶，把杯子都弄爆了。這份工作訓練了我在短時間內記憶客戶需求，並且眼明手快服務客戶的能力。

之後我還去知名的 KTV 打工，光是這份工作，又可以包含很多的經驗層次。一開始我擔任最低階的外場人員，帶客人入座及清理包廂，這份工作讓我真正投入所謂的「服務業」，也經常站在第一線面對各類的奧客。

後來還去旅行社擔任領隊，那家位在南部的公司旅行社，

有一次不知為何竟然承接了一個北部的學校旅行，乃至於我們清晨就必須從南部出發，一大早到臺北接學生後，不但一整天不能休息，而且又要比所有學生晚睡，等到晚點名一個都沒有少之後，自己才能就寢。

至於業務性質的工作，我曾去臺南林鳳營地區批發九品蓮花，拿到市中心販賣，賣給公家機關、夜市、菜市場等通路。

回首大學四年期間，我做過的工作真是林林總總，但重點是，我刻意選擇性質不一樣的。

我的客戶中，最小的包括調皮的孩子，最大的包括買花的阿嬤。服務的族群有衣冠筆挺的上班族，有穿拖鞋逛夜市的小市民，也遇到過各種三教九流的人士。賣過的產品形形色色，每個行業所需要的應對進退方式都不一樣。

你們說，有這樣豐富的經歷，是不是比我當時所念的大學還更像大學？這就是所謂的「社會大學」吧！

我從 18 歲到 20 出頭，就在這樣的社會大學磨練，因此也造就我日後可以和各行各業的人侃侃而談，不斷建立人脈，終至可以開立企管顧問公司。

◎獨一無二的履歷表

當一個人已經抓到工作的竅門，他的人生就會越來越有趣。實在說，雖然我只是個尚未有正式工作經驗的大學生，但多年下來的打工經驗，已經讓我脫胎換骨，再也不是當年那個畏畏縮縮自卑的窮孩子。

我當時曾經被貴人提拔嗎？曾因好運賺到大訂單嗎？就算有少許貴人，但重點是要自己願意改變。

我變成一個不怕面對陌生事物、勇於嘗試，甚至刻意去挑戰自我能耐的人。

大學畢業後，在尚未當兵前那段時間。我做了一件一般大學生較不會去做的事：找工作。

正常來說，大學畢業後，女孩子若要就業可以開始找工作，至於男生多半要服兵役，無法正式謀職，多半就趁這個空檔去遊山玩水，等收到兵單再去報到。畢竟若真的去工作也做不了幾個月，沒頭沒尾的沒什麼意思。

然而我不但去找工作，還刻意去挑最困難的，我刻意去應徵行銷企畫的工作。

記得那是一家全國性知名的企業，其中某個飲料相關事業

在徵聘行銷企畫人才。正常流程要上人力銀行登錄基本資料，投遞履歷到喜歡的公司後，在家等候面試通知。

但我完全跳過這個流程，原因很簡單，我試都不用試，因為絕對不會錄取。一個電機系畢業、完全沒有行銷企畫經驗的人，履歷表肯定在第一關就被人事祕書刷下來，靠傳統方法絕對不會成功。

因此我不寄履歷表，卻寄了一個包裹過去，指名寄給行銷企畫部。

想一想，當有上百人透過一般履歷爭取有限的面試機會，但大部分連面試通知單都收不到，然而我寄了一個包裹，他們會不會開啟？肯定會開的，只要確定裡面不是炸彈，他們一定好奇的打開看，看看裡頭裝的是什麼東西？

就這樣，他們就看到我的「履歷表」了。

我在包裹裝了哪些東西呢？我慎重的做了一本企畫書，其實我當時也不是真的懂企畫，但我為了這次履歷，去翻了很多企畫書籍，有模有樣的照著書上的圖表，模擬出幾個「飲料市場競爭圖」。我還附上幾個包裝盒，列上一份個人評比飲料優劣表，上面貼著：「想知道怎樣在競爭中脫穎而出嗎？請和我聯絡。」

　　如果你是這家公司的主管，你會不會很想見見我這個人？當然想囉！於是我就獲得了面試的機會。

　　當天還有幾個出席的面試者，各個緊張兮兮，西裝筆挺，只有我穿牛仔褲、短袖及襯衫，一副很鄉土的模樣。當主試官要我用英文做自我介紹及分析南部飲料市場時，我刻意用臺語的方式，採用我以前在賣場叫賣的方式作介紹。

　　當一旁的主管助理不高興的說：「請用英語。」

　　我卻反過來問：「請問各位先生，我們的飲料是要賣到外國還是南臺灣？在南臺灣的話，就要了解本地的文化，要貼近這裡的庶民，我想闡述的，正是最符合在地的方式。」

　　我後來錄取了嗎？

　　是的，不久後，我就接到那家企業的通知要我去報到。事實上，那年夏天，我不只接到一家公司的錄取通知，後來我都以「已經找到其他公司」為由沒去報到。實際上，過沒多久我就去當兵了，哪裡都無法去上班。

　　但想想，我一個電機系畢業的社會新鮮人，竟然可以超越許多名校出身的商學院學生被錄取，這代表著什麼意義？

　　只要勇於嘗試，人生沒有不可能。

🎁 人生的啟示：
在學校可以當好學生，入社會你就要會變通

　　成立顧問公司以前，我是個報社業務，當時也是個主管。不論是擔任報社業務主管，或是自己經營企業，我都有機會應徵新人、培訓新人。我發現新人最大的通病，就是食古不化。

　　照理說，很多企業愛用新人，因為新人最單純，最像一張白紙，不像一些已有工作經驗的人都太世俗化，有著無法變更的定見。

　　但新人有很多種，我最怕碰到的，就是那種模範生出生的孩子，他們可能學校成績優異，在校認真上課，熟習禮儀，看到老闆畢恭畢敬，穿著得體，展現年輕人的清新朝氣。

　　可惜我們每天面對的工作，不是像學校課本一樣，每個習題都有標準答案。甚至我們所熟知的道德標準，也絕不是象牙塔裡以為的正邪不兩立。

　　有時候我們對某個老闆說一些似是而非的話，不是因為我們要對他說謊，而是那老闆本身就說話不老實，有所保留，我就必須守住自己的底限。

　　有時候，某個客戶對我們的產品很滿意，看似要直接成

交，卻不能和他成交，有的人是職業間諜，有的醉翁之意不在酒。很多事情不能只看表面，每件事都需要社會歷練，要懂得一定的彈性。

有的新人覺得這社會太黑暗了，無法適應。問題是，你未來長長的一生，就要躲在安穩的學術保護裡嗎？這不合實際。

我鼓勵年輕人開拓自己的視野，早些見識這個社會。如果有可能，行有餘力，在用功讀書之餘，就盡量開拓自己的多樣社會體驗吧！

第四個禮物

有付出才有收穫

　　這些年來，臺灣的勞資問題幾乎爭議不斷，特別是 2015 年到 2018 年，每天社會新聞還是吵吵嚷嚷著勞基法修訂議題。

　　以年輕職涯人來說，進入社會，首先扮演的就是勞工的角色。身為勞工，基本的思維通常就是薪水多少、放假制度、有沒有津貼這類的，總言之，就是勞工福利問題。

　　經常的思維就是零和遊戲，員工福利少了，就代表資方老闆賺了，勞資兩者始終對立，所以社會總是擾無寧日。

　　我們在這裡不討論勞資問題，但作為對年輕人的指引，我想請年輕人思考的是什麼叫員工的「獲得」？如果只把焦點放在薪水、假期、獎金等議題上，那觀點就太狹隘了。

　　特別是對年輕人來說，與其關注有多少收入，不如關注自己「可以學到什麼」、「累積什麼人生資歷」，這才是比較具備遠見的思維。

洪敬富的故事：業務戰場上茁壯成長

在當兵以前，我從事過許許多多的工作，但打工是一回事，真正進入職涯生活又是一回事。這時候，就會發現，過往的種種經歷，對我來說的確有很大的幫助，至少比起一般青澀的社會新鮮人來說，我多了一個優勢，那就是我的人生履歷很漂亮，並且我也比較不會害怕。畢竟，都已經敢在大賣場對著陌生人叫賣了，將來從事什麼行業，我都覺得沒什麼困難。

所以當要找工作時，我的重點不是找不找得到工作，而是什麼工作可以和我的人生志向有正面相關。

依據我過往打工的經歷，也依據我和一些大學畢業進入職場工作的人聊天。我第一個設定的工作方向，就是一定要從事業務類型的工作。

雖然我本身學的是電機，但我知道大環境已經開始不景氣，上班族的生活，不論是當工程師或者其他專業技術人員，都是既辛苦收入也有限。我不怕苦，但想要賺大錢照顧家人的心願卻一定要顧慮，所以我一心想從事業務工作。

不論當時或現在都一樣，只要有心，願意擔任業務，這種工作絕不受景氣影響，各行各業永遠都需要願意跑業務的人。

◎培養樂在工作的習慣

　　最初也經歷過種種摸索磨合，原本年輕人 30 歲就應該多磨練嘗試，才能找到自己真正最適合的行業。

　　我第一個工作是去一家禮贈品公司上班。我剛進公司連什麼叫禮贈品都不清楚，還以為是就禮品店。基本上也是禮品沒錯，只不過公司的業務對象不是消費者，而是企業行號。作為行銷方式，企業行業可以在銷售上結合禮贈品，吸引客戶興趣，並鞏固客源。

　　但在這家公司，我因為和主管理念不同而無法繼續，我想開發大賣場產業，但公司覺得這不是我應該開發的族群。

　　以我日後在其他行業成功的經驗來回顧這段時間，我覺得人要突破舊窠臼才能打開新市場，當時我初入社會也不好跟公司多爭辯，只覺得道不同不相為謀，便另謀高就。

　　第二個工作是食品相關，在當年已經開始紅起來的烤布丁。那是一個回憶很多的經歷，我的職位在店銷部，任務是幫公司拓點。身為業務經理的我經常和老闆到處跑，找加盟商、找點位、參加商展⋯⋯等等。

　　那段過程，我也和老闆學習正式的商場業務作法，除了拓

點，也經常自己擺攤，第一線和消費者接觸。那時的同事到現在仍是好朋友，年輕人一邊銷售商品，一邊四處巡旅，那是一種青春的瀟灑。

雖然四處奔波難免有在外地生活的艱苦，但努力工作後的成就感，讓我心情非常愉快。之後因為想要拓展更大眼界離開那家企業，但友誼長存。

甚至有段時間，我和其中一位好朋友，他年紀大我 10 歲，可是我們很談得來，我在轉換跑道的過渡期間，還曾和他去菜市場擺攤賣捕蚊燈。

我最大的心得，工作也可以是很快樂的事，所謂樂在工作，當那樣的時候，根本就不會去計較工資高低，也不會計較公司幾點上下班的問題。

我更重視的是成就感，包括我的努力獲得報償的成就，以及我的服務真正帶給人正面影響的成就。如果沒有這些成就，就算給我高薪，要我每天在辦公室混日子，這樣子的生活我也不願意。

◎那個認真的年輕人是誰

我正式安定下來，直到我後來自己創業才離開的工作，就是在報社擔任業務。

記得當時初次接觸報社，我已經從過往的工作經歷裡，磨會基本的應對進退技巧。面試當天，我就身上帶著老東家的商品烤布丁。哪有人面試還帶著布丁——請面試官品嘗的？但我就是這樣做。這是業務的基本法則之一：**要讓客戶對你留下好印象。**

說起來這招也真的有用，因為我的學歷非商科，也非新聞科系，最初面試主管原本並不想錄取我，但經過在場幾個長官討論後，決定給我一個機會。

他們要我參加第二次面試，但這次面試根本是個考驗，讓沒毅力的人知難而退。他要我在某一天很早的時間到麻豆開會，從臺南市中心到麻豆的距離是相當遠的，更何況面試的時間是當天一大早。

但人家越是想考驗我，我就越要做出來給他們看。當天我們約在一間人壽保險公司要做報紙業務介紹，我比報社公司主管還早到。一早的行程，由報社主管對臺下眾多保險業務講課

及精神講話，我一邊聽還一邊作筆記。

主管講完課後，換保險公司處經理上臺講評，他突然對著全場業務團隊說：「知道嗎？今天上課誰最認真？你們都該和那位年輕人學習。」

接著他就指著我說：「就是這個年輕人，從頭到尾一直聚精凝神的聽講，還慎重的抄筆記。而他竟然並非我們公司的業務，我們每個同仁都向這個年輕人學習。」

語畢，他還特別宣布，因為我這麼認真，他決定要多訂幾份報紙。可想而知，我還未正式進入報社，就已經幫報社立了大功。也讓主管們看到，我是真正有心想做這份工作，後來就正式加入了報社團隊。

◎一勤天下無難事

實在說，我是個工作努力的人，但並非文青。當時加入報社，也只是覺得這是個知名度很高的企業，來這當業務，應該可以學到很多東西。那時我對報業一無所知，報到上班後才知道，這是個發行單位，部門的任務就是要賣報紙。

食品、飲料、鮮魚、蓮蓬頭都賣過了，我當然也不會怕賣報紙。即使當時沒經驗我也不怕，反正業務就是要將產品賣給陌生人。一開始是做電訪人員，一般人是電話打了後，問對方想不想訂報，然後再安排拜訪。但我的前主管，也是教導我業務做法的恩人——組長李大哥則帶著我，電話要打，見面也要見。他相信業務之道無他，唯勤而已。

當年我就跟著李大哥一家家的工廠跑，例如去到安平工業區，工廠和工廠間可不是緊鄰隔壁的概念，而是要步行個幾分鐘，我們就一家家去訪，也就是所謂的「掃街」。

被拒絕當然是常事，並且還經常碰到「惡犬勿入」，我們硬是登門拜訪，不被狗追的方式就是隨身帶著狗食。那些日子，夏天時南部暑氣逼人，常常走著走著滿身大汗，感覺都快中暑了。帶我的主管總是激勵我，再一家可能就有成績了，於是憑著意志力，繼續撐著走下去。

以統計結果來說，當然是拒絕的次數遠比同意的多，但當統計的母數越積越多，不但累積的成功數越高，整體成功的機率也變大。那是因為隨著拜訪次數增加，話術也就自然而然懂得調整，面對工廠人員，也懂得該以怎樣的語氣對談才能增加親和力，業務界有句話說：「**次數決定技術。**」就是這個道理。

之後也發展出不同的業務策略，好比說我們會推出試閱方案，當一開始是免費的時候，受訪客群就比較容易接受，而當試閱後再轉為正式訂閱，就變得相對容易。

這些經驗也是摸索出來的，包括許多的業務施行訣竅。例如我去拜訪那些試閱戶，一旦他們願意訂了，若是對方只要訂一個月，我一定設法說服對方至少訂一年。任何的溝通，我也絕不會貪圖方便，只靠電話問一聲想不想訂？我一定要親自去面對面說明，當場見了面，那時對方就比較不好意思拒絕，而且多半是正式簽約訂一年。

就這樣，我靠著勤勞，跑遍臺南大大小小的鄉鎮，有時候還深入偏遠山區，就靠著一臺機車。可能老天看見我的努力，讓我的業績領先群倫，開始提升了我的自信的來源。

◎成為南部業績總冠軍

我在業績上取得優質成績，但畢竟我還是個年輕人，很多事情社會經驗不夠。直到日後我經過更多磨練才知道，在職場上，除了工作表現好外，還必須懂得如何做人做事。

　　當時我做業務，是個典型的拚命三郎。我在外面就是風雨無阻的跑客戶，一進辦公室，有時間就拿起話筒開發新客戶。我以為我這樣做沒有錯，卻沒有顧慮到其他人的想法，乃至於在不知不覺之間得罪了同事。

　　原來當我的業績領先，同時就代表其他的業務表現比較差。當有人成功，就會有人眼紅，這是不變的道理。一家公司要和樂，不能一人得意、眾家低頭。

　　現在的我自己創業，已經懂得鼓勵努力上進的人，但也要適時為成績差的人加油，不像當時，我只顧著拚自己的業績。有一天，我還正準備打電話，另一個同事剛打完一通被拒絕的電話，一陣情緒上來，他大聲掛下電話，直接對我吼：「你可不可以不要這樣？我壓力很大吔！」

　　一時之間我愣在那裡，不知如何是好？總不能叫我不要工作吧！後來只好多跟主管去跑外面，李大哥傳授我很多業務觀念，他教我做事情除了認真外，還要保持一定的彈性，也要試著接觸不同的作業方式。

　　後來我除了推廣訂報，也去跑廣告業務，這兩者也可以並行，例如一家企業若不想訂報，那麼要不要登廣告呢？或者兩者一起有優惠價等等。

　　努力是有回報的，那時候我的成績，就連北部總公司都聽聞，南部有個二十幾歲的年輕人，每月的業績都很亮眼。

　　那時經過培訓，也懂得去思考不同的業務做法。包括我是南部首創透過部落格的方式賣報的，我會擷取一些當日新聞重點放在部落格上，那時也累積了一定數量的粉絲。當他們對我的部落格有興趣，順理成章也對報紙有興趣，我就趁機邀約他們訂報。

　　然而即便我的業績不錯，但當北部總公司需要一個業務主管時，我並不是公司考量的第一人選，因為我靠著勤勞打出業務一片天，但北部市場面臨的是另一個環境。不過我的前部門主管給了我人生另一個轉折點，開啟了人生另一條道路，讓我到了臺北打拚。

　　可以說，這是我人生第一次一個人到臺北工作，也是第一次正式離鄉背井到「遠方」發展。

　　這個轉變是我人生的另一個里程碑，也因為有過往的業務基礎，才讓我有機會拓展新的人生境界。

🎁 人生的啟示：勤勞是不變的王道

　　有時候，「勤勞」二字會給人一種誤解，特別是在網路時代，隨便一個資訊上網就查得到，就算躺在家中床上，透過3C設備，就可以方便的執行很多事情。包括訂購商品、交代任務、查詢銷售進度，乃至於線上開會都很方便。這時候如果還有人必須很辛苦的奔波，可能就會被視為工作沒效率。

　　然而時代在變，有些道理從古至今還是不變的，那就是「**勤能補拙**」。就如同滴水穿石的概念，在怎樣駑鈍的人，憑著恆心毅力，一天到晚不停的打電話開發業務，終有一天也會讓他出師，成為有績效的業務。

　　反倒是一開始就在想怎樣「便宜行事」的人，聰明反被聰明誤，想要找捷徑，到頭來還是只能按部就班的走大道。

　　當然，我想和年輕人分享的，不是遇到事情就一味的「做就對了」，蠻勇並非我所鼓勵。做任何事前還是要想一想，然而一旦確定這件事應該這樣做，接著就沒有其他路，這時才是「做就對了」。

　　很多人害怕當業務，其實不是害怕工作本身，而是害怕「被拒絕」。

　　世界上有任何大師能夠讓你都不被拒絕嗎？很抱歉，沒有這種可能，頂多只能提升你的成交率，但大部分的時候，你面對的一定都是拒絕。如何突破這些拒絕藩籬呢？還是那句話，沒有取巧之徑，只有勤勞才是唯一的王道。

　　我在業務推廣上，有一個自訂的「333法則」，這333法則每項都是基於勤勞：

- 一天要打至少三十通電話；
- 一天至少要面對面接觸三個客戶；
- 一家公司要平均跟進滿三次才是完整的拜訪。

　　舉例來說，當我們介紹商品，客戶回答他要再考慮考慮時，一般人可能就此等對方考慮，但我的作法是接著問：「你在考慮的點是什麼？是價格嗎？有什麼我可以幫你進一步解釋的……」如此，至少跟進三次。

第五個禮物

實力從實務中累積

　　問問許多年輕人，他們最想要做什麼？相信許多人的人生志向一定都是要當老闆，不一定是像郭台銘那般的大企業家，至少也想開個公司，有幾個員工，甚至就算開餐廳或者經營一家禮品店也好。總之，希望掏出來的名片上，印出自己的頭銜是老闆。

　　其實想當老闆並沒有什麼不好，問題不是要不要，而是你準備好了沒有。實在說，想要有個老闆的頭銜並沒那麼難，只要準備一些資金，找個地址辦理公司營業登記，就算只有一張桌子、一張椅子、幾坪的空間，就可以設立公司，過過老闆的癮。但如果不能提出對社會有貢獻，也對自己財務有貢獻的價值，這樣的公司有意義嗎？

　　所以年輕人不應該好高騖遠，要扎實的建立自己的基礎。不是先當老闆再來做事，而是努力做事，做到專業、做到頂尖了，成為老闆的機率就變高了。

洪敬富的故事：從報社業務到創業之路

上臺北是我人生最大的一個轉折點，當時我因為人生地不熟，第一天還差點露宿街頭，因為我不知道怎麼租房子。還好有一位好心的報社大姐，她開著車沿路帶我去看房子，之後租到一個不到四坪的小套房。

由於報社總公司位在汐止，北部的天氣又比南部來得冷，我初到臺北適應不良，那破舊的套房濕氣又重，連衣服放著都會發霉，我沒幾天就發燒、頭痛、流鼻水，那時種種的不適，都彷彿在叫我趕快打道回南部。

不只住處窄小、身體不適，工作上也遭遇了很大的挫折，讓我原本從南部北上的業績冠軍自信，幾乎一夕瓦解。

不過來臺北發展有一個最大的好處，那就是認識我現在的老婆。當初到臺北的時候，雙方因為是大學舊識，後來正式成為女友，她也是支撐我當時在艱困環境中還能堅持下去的最大動力。

然而我當時所要面對的，是一個和南部環境截然不同的業務戰場。

◎在北部那段灰暗的日子

在北部做業務和在南部做業務，真的是完全不同的概念。在南部，靠著勤勞我可以一家家廠房跑，聯絡感情。但北部都是公寓、大廈，門禁管制森嚴，工業聚落也比較分散。我這個業務冠軍，竟然有一段時間業績是掛零的。身為主管，我背負的壓力更大，不但自己要有成績，還必須帶領團隊打業務戰。

無論如何，勤勞還是業務的基礎。不熟北部環境怎麼辦？就一區一區設法打下江山吧！學生時代也玩過 PC 版的「三國志」，就是那種攻城掠地的概念，我買了一張臺北地圖，哪邊拜訪過了，就在那裡插上一支旗。我們要拓展的江山，就從汐止及周邊的南港、松山等地開始，也包括基隆地區。

剛報到的時候是十月，不久之後就入冬。每天騎著從南部載運上來的老舊機車，在陌生的城市裡試著拓展業務，那時真的很痛苦，心情也非常沮喪。我這個新人只有三個月的期限，要拚出一定的成績，不然就要捲舖蓋走路。

當時我告訴自己一定要成功，這已經是面子問題了，我到臺北來打拚，如果就這麼輕易認輸，很丟我們南部人的臉。

在生活上，業務的底薪本來就不高，我北上後身上幾乎

沒什麼錢，每天對外看著陰灰的天空，回首看毫無生氣的小居所，要不是過往培養的毅力，我真的要打退堂鼓了。

那時拜訪客戶也不斷被打槍，南部搏感情的那套做法，在北部完全不適用。記得曾拜訪一個企業，老闆問我：「你們的報紙閱讀族群男女比重各是多少？」讓我當下傻在原地。我甚至連一些企畫術語都聽不懂，回去後趕忙跑到圖書館做功課，補強各種知識，經過一次又一次磨練，才總算有點進入狀況。

當時我做了一件事，對後來的業務團隊很有幫助，那就是每當遭遇到挫折，我不是垂頭喪氣回公司就了事，我會把每次的經驗作成紀錄。

幾年後，臺北市柯市長愛講 SOP，我那時候在報社，就已經為我們業務團隊撰寫最原始版本的業務流程 SOP 了。從怎麼開發新客戶、怎麼跟進客戶、客戶的各種問題怎麼回答……，我製作的這套流程，後來成為業務的聖經。之後我漸漸跑出業績了，也在北部站穩後，每當有新人來時，別的先不說，就先把這本流程聖經丟給他們研讀。

好在苦日子終究熬過，勤勞還是有其價值，我漸漸走出自己的路。後來也搬出那個濕冷不適的小套房，在臺北擔任業務主管。

◎轉換模式，在新戰場打下業績新里程

剛到臺北的時候，我覺得在人生地不熟的環境，很難有所作為，即便後來開始有點業績了，我的生活還是很辛苦。當時我做了一個很大膽的決定，雖然我身上只有 6 萬元，卻去參加了一個以人際關係為導向的社團——我加入了 BNI 國際商會，光入會費就花了我 2 萬元。

那年我 24 歲，身上的錢不多，還去參加社團，這讓我每天有一餐沒一餐的，但以當時情況來說，我一定得下這個狠招。在臺北這個都市叢林，若沒有足夠的人脈，難以開發。而透過在社團的學習，也的確讓我更融入臺北的都會生活。

面對北部的客戶，我也漸漸抓住南北差異的兩大特色。第一、南部重人情，北部重數據分析；第二、南部可以一個區跑很多點，北部卻是分散各地要奔波開發。儘管如此，基本的做法仍是一樣，要秉持誠心及耐心，一個個去把客戶拜訪出來。

身為主管，我必須以實力服人，後來我靠自己的業務成績來帶領業務，包括我教導團隊們面對客戶的話術，當時我還會要我的組員分別扮演不同角色，演練當碰到客戶質疑什麼問題時，業務該如何應對。大約半年後，業績已經逐步有起色，滿

一年後，我的業績已經倍數成長。

也就是在那個時候，我找到了一個新的商機，後來成為我創業的源頭。

原來，在北部跑業務，除了依照地域外，還依照產業別，例如某某業務專攻建築業、某某業務專攻餐飲業等等，就在那個時候，我無意間發現一個產業之前似乎沒被開發，那就是室內設計裝潢業。

在此之前，這個產業不受報社業務重視，因為很明顯的不是大產業，感覺不像是會大量訂報也不像會登廣告的產業。然而越是被忽略的地方，反倒越有新商機的可能，就是在這個產業裡，我找到了新藍海。

過往總認為，一家裝潢設計公司人數很少超過 10 人，這樣的公司頂多訂一份報紙，能有什麼重要性？讓室內設計與報紙業務結合的最佳方式，就是讓發行結合行銷曝光，達到雙贏的局面。

觀念變了，業績成績就大幅增長，奇兵立大功，也開展了新的業務模式。

◎發現創業之路

為何我從一個報社業務，後來創業成立了顧問公司呢？緣起就在於我開發裝潢設計產業時打下的基礎。

凡事都是這樣，我一開始也只是去跑業務，談訂報的事情。但在這個過程中，我和他們逐步建立起朋友關係，也因為透過朋友介紹朋友的關係，我接觸到更多這個產業的企業。

就在那個時候，我發現自己可以為這個產業做更多事。過往為了推廣業務，我研讀了非常多的企管行銷著作，也上過很多課，再加上本身有豐富的業務底子，從學生時代起累積的各行各業經驗，我的特色是可以把書上讀的企畫知識，結合實務業務經驗，變成活用的學問。

於是我開始嘗試，當裝潢設計產業朋友有經營上的問題時，例如人才養成、如何行銷等等，我都可以提出具體可行的建議。

簡單的建議當然免費，但是當需求越來越多，並且這樣的需求是這個產業普遍都有的時候，我就了解這是一門好的生意。我提供實用的智慧，企業則支付給我合理的報酬，這是我導入顧問銷售的開始。

　　從原本的企業有問題來找我，到後面發展成我主動去拜訪企業，提議簽下年約，並和他們報告這樣的合作我可以提供哪些的服務。透過我的諮詢與顧問服務，可以解決很多企業的經營問題。我的服務非常到位，不光是動動口而已，我會為每家企業量身打造屬於他們版本的 SOP。

　　也許你很難相信，一個非商學院出身，那時也還沒滿 30 歲，這樣的一個年輕人，竟然可以提出如此契合企業需求的顧問服務。事實上，我也是臺灣第一個從事這個行業顧問的人。

　　回過頭來看，我過往的人生經驗中，雖然經歷過不同的艱苦，但最終卻帶給我這方面的專業。我不是鼓勵學歷無用論，但我認為年輕人有機會的話，要多多透過不同的生活經驗磨練自己。不論將來創業或者想在不同企業一展長才，這都會是一輩子的資產。

◎開創新的事業領域

　　很多時候，一個人決定做不做一件事，考量的是過往是否有成功的經驗。但如果凡事都用這個角度看，世界就不會進步

了。好比說臉書或阿里巴巴，如果要從前有的模式才去做，根本不會有那些新的產業誕生。

我的創業，本身就是去做一個別人沒做過的事業模式。巧的是，經常我面對客戶的問題，也都是如何從「過去沒有」中想出新思維。

例如一個產業過往的收款流程都是如此，後來發生了付款糾紛，就會產生一堆官司問題，或者另一方不付錢，除非把進度趕完，但消費方堅持要先收到錢才把剩餘進度完成的困境。但我會主張，先從付款流程這件事跳開，檢視爭議發生的原因，就會發現款項與驗收這兩件事是如何產生關聯，如果從一開頭的作業流程做調整，後面就比較不會發生這樣的事。

我指導客戶們，要重視價值而不是價格，好比說同樣是一頓餐，名廚的菜為何比較貴？食材用得好是原因之一，但更重要的原因是，這頓餐是獨門生意，一旦換成其他廚師就做不出來。我也會舉球鞋的例子，為何一雙喬丹運動鞋最貴的可能要上萬元才買得到，但路邊攤的球鞋卻是幾百元就有？差別只在材質嗎？

以提升客戶的價值，並且幫助客戶實際解決問題為初衷，以此基礎我開始創業。因為我的服務很真誠，並且總是站在客

戶角度為他們著想，提出的建議也都很實用，後來有需求的人越來越多，我的公司也陸續徵聘員工，目前服務範圍以北區為主，將來也希望能服務更多區域。

2014 年，我因緣際會和出版業接觸，和專家一聊之下，覺得如果要幫助更多的人，出書是一種不錯的方法，於是我開始把我的專業以專書的形式呈現。那本書後來也成為長銷書，第一版半年內就銷售一空。為了推廣理念，我不但去廣播電臺受訪，還受邀去大學教課。

一個非行銷科班背景的人，一路走來，現在變成臺灣行銷達人之一，回首來時路，絕非僥倖。

我敢說，我的每一步走來都很扎實，沒有哪一個階段偷懶，沒有什麼時候是抱著得過且過的心境。就算在最艱困的時候，就算口袋空空連吃東西的錢都沒有，我也沒有因此被命運打敗而逃回南部。

如今，我想告訴年輕人的是，不要急著想創業，不要急著想要出人頭地，當基礎功扎實了，實力累積夠了，你自然就能成就一番事業。

🎁 人生的啟示：撐過每一場風雨，上天必有深意

每個人都有回首過往的經驗。

是否你曾想過，還好學生時期沒有天天貪玩，有用心學了那些數學公式，否則什麼都不會的你，今天不知道會淪落到哪裡。是否你曾想過，當初跟女友吵架時，還好懂得忍住暴怒，適可而止，否則你們早就不知分手幾百遍了，哪能成就如今的美好家庭？

所有美好的事都不是輕易可以獲致的，一個人如果沒有扎實的努力根基，就算突然中樂透，讓他開公司當老闆，他也成就不了什麼氣候。

當面對苦難的時候，你一定要很高興，並且內心充滿感謝，因為：

- 感謝上天，讓我學到這門人生功課，少了這門功課，我將無法讓人生進階。

- 感謝上天，讓我在年輕時候就學到教訓，而非等到七老八十才讓我跌倒。

- 感謝上天，藉由不斷的操練，讓我的韌性變強。原本

我只是個弱雞，但走過跌跌撞撞的路，我發現自己變成洛基了。

- 感謝上天，指引我一路走向成功。如果沒有經歷這些困難，我還天真的以為凡事都那麼容易。此後，我能量滿滿，但也懂得時時懷著謙卑。

回首成功的路，原來那些坑坑巴巴，我竟真的走了過來。

每個擔任成功老闆的人，都會有這樣的心路歷程。

年輕人，當下次再遇到風雨大浪時，除了抱怨外，應該有更重要的事要做，相信你也知道該怎麼做了。

另外，當同樣有兩份工作讓你選擇，你希望選擇輕鬆無負擔的工作，還是充滿挑戰的工作？年輕的時候，你是要選擇薪水多但經驗少的工作，或是薪水較少但可以累積實力的工作？相信你心中一定有了答案。

第六個禮物

讓自己成為更有價值的人

　　賺錢不是問題，只要累積實力，創造自己的價值，那麼金錢源源不絕進來是理所當然的事。

　　我們都聽過許多的企業家曾失敗跌落谷底，身無分文，但只要能力在身，過了幾年，他們肯定又能東山再起。**能力才是核心，賺錢只是附帶的結果。**

　　這樣的觀念是必須要強調的，所以找工作要找能培養能力的，而不是先找錢多的。

　　年輕人接觸到任何事情、任何的會晤、任何的新商機，也都不要純粹只想著可以因此賺多少錢，而要想著經過這個歷程，可以增進多少能力，讓自己提升多少的價值。

洪敬富的故事：利他哲學拓展事業新境界

入社會幾年後，我已不再是從前那個因為出身環境不好而有點自卑的青年，藉由自己的認真打拚，我在業務上的實力有目共睹。我對企業帶來實質的貢獻，這讓我的收入提升，但對我來說，更重要的一件事是我可以對這社會更有影響力，如此，我就可以幫助更多人。

◎我要怎樣提供你幫助？

從事顧問產業到今天已經超過三年了，一個不滿 30 歲的年輕人，如何服務那些年紀通常比我大的客戶，並且獲得大家的信任呢？

這分成兩方面來說，專業的信任這是一定的，如果禁不起專業考驗，我也不可能在顧問業務立足，但更重要的是態度上的信任。

我在幫客戶服務的時候，不會為了多賺一點錢，刻意誇大問題的嚴重性，或增加收費項目。當有多樣選擇時，我也絕對

會站在客戶角度去思考，怎樣的選擇對他最好，而非怎樣的選擇我可以賺最多，或刻意偏袒跟我有交情的供應商。因為賺錢是一時的，但信譽是一輩子的，真不真誠，一試便知。

這種想法可以應用在生活的各個層面，一開始我不是刻意如此，只是單純的想幫助人，想把事情做好。但是到後來卻發現，當我幫助別人後，別人反倒更願意接納我，想要反饋我。

從前我剛做業務時，第一個想的是如何賺到錢，有時候不免採用死纏爛打的方式，我有許多業績也是這樣做出來的。身為拚命三郎的我，做業績非常努力，但如果純為個人的利益著想，這種熱忱是缺少長久動力的。

到臺北後，一方面因為北部環境的不同，逼得我必須更加強自己，一方面也在經過生活磨練後，讓我對人生更有體悟。我體悟到生命是不容易的，推己及人，每個人的生意都是不容易的，當我拜訪客戶時，我也會想，他為何要訂我的報紙或在我們報紙登廣告？重點必須是我覺得這件事真的可以幫助他。基於這樣的心態，我提出的話術就更具說服力。

最初導引我創業的，也不過就是思維轉換：「這產業似乎除了報紙外，還需要更多的幫助，我是否可以擔任這個幫助他們的人呢？」

　　思維轉換，我的事業層次就不一樣了，進而我的收入也有
所提升。

◎因為付出，我獲得更多

　　人脈非常的重要，所以我初到臺北作業務的第四個月，就
花了 2 萬元加入社團。但當時的心態還不是非常正確，我那時
候的心態是我需要人脈，因此到社團去找人脈。但如今我經常
參加各種社團，我的工作時間有一半是處理公司業務，另一半
則是處理社團業務。我的社團參與心態是今天又可以服務多少
人，這讓我變得更有價值。

　　當年我參加 BNI 遇到了很多貴人，但 BNI 帶給我最大的
不是人脈資源，而是點醒我人生中很重要的事：

第一、要先付出，才能得到；
第二、每個人都該提供自己可以「被利用的價值」。

　　我經常在社團活動上，看到有些人抱持著錯誤的心態參

加，他們總想著：「來這裡可以撈到些什麼？」或者「我繳了費用，總該給我什麼報償吧？」

我想，如果抱著想要來這裡「拿回」什麼心態的人，恐怕要失望了。我有機會也跟年輕人分享，參加社團先不要帶目的性。許多的社團，例如扶輪社、獅子會，許多成員本身是億萬富翁、千萬富翁，是不同產業的老闆，或者高薪專業人士。他們是哪裡想不開嗎？為何為了參加社團，不但要付出許多金錢，還經常要去做辛苦的事，例如去海邊淨灘撿垃圾，或是出錢出力去偏鄉做公益。如果是為了賺錢，那麼他們把參加社團的時間拿去做生意，賺到錢的機率可能更高。

所以重點是付出，並且是真誠的付出。當做到這樣的時候再來談人脈，你不需強求，人脈自然就會來。如果某某老闆跟某某董事長建立了合作關係，這也是因緣際會，絕非刻意為之，而只是行善的附加產物。

如果以為社團可以帶來財富，為了財富才去做公益，那就是倒果為因了。

當我參與社團，常常會想我可以做什麼，因此社團每每有各種分組，我都會主動報名。覺得自己媒體資源雄厚的，可以加入媒體公關組；覺得自己過往事業有豐富國際經驗的，就去

報名國際交流組。更有使命感的，就去參選會長、副會長或者理監事等重要幹部，這些幹部都是要做事的，只有做事才能對社會產生價值。

目前我因為工作以及興趣關係，已經參加了 12 個社團，當然，社團的屬性和企業不同，不是天天都要忙，否則我也無法參加那麼多組織。

而在時間分配上，我也選擇自己可以出最多力的社團擔任重要幹部，一些社團則純粹擔任成員，暫時沒資格參與活動。以結果來說，我的人脈真的變廣了，既然人脈等於錢脈，我的收入也拓展了。

但必須重申，我的前提是要先付出，至於額外的收穫，真的是因為受到肯定才能獲得。

◎累積人脈的正確態度

不過，若撇開社團公益服務性質不說，基本上，一個人的事業要有所拓展，人脈絕對是必須的。

人脈怎麼來的？當然不是坐在辦公室裡就可以擁有，也不

要以為在臉書上有幾百個人按讚就叫朋友。所以說業務工作可以累積人脈，因為業務的性質就是要不斷的去跑。上天是公平的，一個人跑痠了雙腿，但同時也讓他締結了更多商機。

所以我會鼓勵年輕人，在 35 歲以前，努力的去跑吧！有些人汲汲營營去賺錢，白天上班、晚上兼差，但我必須說，在沒有建立好的財商模式前，這樣賺的都只是小錢，與其賺取有限的報酬，不如去賺無價的人生經驗。

35 歲前如果沒能建構自己豐沛的人脈網，我敢說，35 歲後想要成就一番事業會比較艱難。前輩曾告訴我：「35 歲前，是專業幫你賺錢；35 歲後，是人脈幫你賺錢。」

難道 35 歲後不能累積人脈嗎？當然不是。但人脈是越陳越香，因為信任感是累積的，如果你年輕時就能累積到你的信譽，當你 35 歲後，不論是創業開公司，或者在公司擔任高階主管，這些人脈都願意信任你，與你合作。

相較來說，等你想開公司再去認識人脈，也許參加幾場社團活動，名片本裡裝了好幾百張名片，可惜都是「一面之緣」，對方甚至連在路上跟你再見面都不一定認得出來，更何況要當你的人脈。

那麼 35 歲前如何累積人脈呢？年輕人找工作的基本觀念

一定要改，很多人覺得找工作要找高薪為主，興趣再說，這是錯誤的。一定是要興趣為主，金錢其次。因為有興趣的事才會全心投入，全心投入了自然就會做到專業，有興趣的事就比較不怕苦，如果是為了有興趣的事去做業務，也比較容易勝任。

可以建立一個「人脈倉庫」的概念，當我們認識大量新朋友時，並不會馬上和這些人發生關聯，但收到名片後，若沒做適當的分類，當哪天想要用時，就無法派上用場。此外，創造「被利用」價值也相當重要，你是否有「被利用」的價值？

我們不要害怕「被利用」，假定我今天有 100 分的價值，然後 100 分都被利用了，那就代表著我們實力要再增強，讓自己超越 100 分。如果我們能力有 100 分，卻只被利用 10 分，那還有 90 分可以被利用，若你的人脈倉庫不夠扎實，你要再去多加強。

怎麼讓自己被多多「利用」呢？關鍵就在於創造價值。

◎我如何透過創造價值拓展我的事業

念大學的時候，我在一本雜誌上看到一句話：「人生要創

造被利用的價值。」我當時並不太認同，我覺得每個人都是獨立個體，誰也沒欠誰，何必要讓自己「被利用」？

　　但後來入社會工作這幾年，漸漸了解那句話的重要性，並且發現這的確是每個人想要出人頭地的關鍵。

　　試想，一個人若沒有被利用的價值，老闆何必雇用他？難不成是要做慈善嗎？身為老闆或個人工作者也一樣，提供服務的競爭者那麼多，為何要找你？勝出的關鍵是什麼？你一定要有你自己被選中的價值。

　　以我自己來說，像我這種出身環境沒有良好背景的孩子，更是要靠自己的實力打拚，才能夠被看見、被重視。當我「被利用」時，也就代表著我生意會更加興隆。

　　所以我不論是推展我的工作、參加社團或者各種與人互動的場合，除了展現專業外，我總是心裡想著：「我還可以為對方做些什麼？」

　　我在生意上與人互動，也不會因為這個客戶今天不和我做生意，彼此就不相往來。我還是會問對方有什麼需求，甚至那個需求不需要付費，我純粹付出也不介意。這社會本就是這樣，魚幫水、水幫魚，彼此才能過得更好。但不一定要限制條件，你要先幫我，我才願意幫你，這樣就變成利益導向。

　　也許有人會問，如果我們事先設定好：「今天我幫你，未來你一定也會幫我。」這不也是一種「利益導向」嗎？

　　我要誠實的說，我真的不會預設立場，認為對方將來會幫到我，我才肯付出。我的服務都是重視當下可以幫助到對方，除了該有的服務利潤，我也不會企求額外的什麼好處。

　　2017 年，我籌組了一個以室內設計產業為核心的社團，關注的就是如何為這個產業加值。透過群聚及分工效應，我想將產業核心價值凝聚，打造整體的「可被利用價值」，如此，影響的角度就會更寬廣。

　　有時候為了協助其他企業，我忙到幾乎沒時間休息，身邊朋友會表達出他們的困惑，問我這樣為人奔忙，看起來好像跟賺錢也沒直接關係，有什麼「好處」？

　　我總是回答，我不是為了貪圖什麼「好處」，我只是想盡我所能，幫助可以幫助的企業，當整個產業提升，我也會感到與有榮焉。

　　這也不是我這個年輕人突發奇想的舉動，我看見很多不同領域的先進名人，也都是以為社會付出為己任，例如世界首富比爾‧蓋茲，他大部分的時間都在做為人付出的事。

最後，我想和大家分享：

如果我們不願意先提供自己被利用價值，就不可能遇到你
生命中真正想遇到的人。

祝福所有的青年朋友，趁年輕累積實力與人脈，打造一生
的幸福。

🎁 人生的啟示：蹲得越低，跳得越高

也許有人會問：「我也想貢獻自己啊！但是我沒錢又沒實力，怎麼貢獻？我又不像那些企業家，可以捐錢或整天參加公益活動？」

其實，人人都可以在一個社團裡有所貢獻，最簡單的，沒錢，但可以出力吧！沒有做公益的時間，但對身邊的人表達關懷，不需要花你什麼時間吧？

以我自己為例，在各種社團場合，我的資金及實力遠遠不及那些成功的大老闆們，但每次參加活動的時候，可以做的事還是很多啊！例如團體出遊，主動幫忙發放礦泉水，當彼此都是陌生人的場合，我可以主動問好，大家握手寒暄自我介紹，後來就變成一團熱鬧一團和氣。

當我們做一件事不要只看外表，要看實質內容。

如果可以帶來本質的提升，例如讓自己的學習經驗更寬廣，例如讓整個團體更有活力，就是值得做的。

總之，我鼓勵年輕人，年輕的時候真的不要怕吃苦，要多方嘗試，不要以賺錢為唯一的依歸，找工作不要以高薪為唯一標準，要以興趣為主要考量。也不要一開始就排斥高挑戰性的

業務性質工作。

肯吃苦，肯學習，那麼不出幾年，在社會奮鬥必有所成。就像我們跳遠一般，只要蹲得越低，蓄積力量，才能跳躍得越高。年輕人不要總想著高利潤，反倒要將眼光放在如何打下堅實的基礎，這樣才能跳得高又遠。

這裡提供兩個建議的做法：

一、採取八成法則：

答應別人的事，要盡量在八成的時間內完成，也就是說比客戶預計的時間要提早完成。因為對客戶來說，你如期完成這是你的本分，但你若能提早交件（當然作品也要完美），客戶就會對你很滿意。

二、筆記力：

時時勤學習，保持謙卑的習慣。透過寫筆記，當客戶或朋友講出重要的話可以記下來，有的是作為交辦事項，有的作為學習事項，透過雙手記錄，讓事情更深入腦海。

◆關於創業家◆

洪敬富

【個人經歷】

現任：

- 香尼歐整合行銷有限公司執行長
- 臺灣室內設計專技協會會員
- 臺北市臺南市同鄉會理事
- 臺北產經協進會理事
- 民眾日報／民眾新聞網執行顧問
- 宜蘭縣裝修設計公會諮詢顧問
- 中華全球藝術文創協會副祕書長
- 國內 20 多家室內設計公司諮詢顧問
- 臺北市顧問從業人員工會理事

- 新北市綠家扶輪社社員發展委員會主委
- 文化大學推廣教育中心室內設計組特聘講師
- 實踐大學推廣教育中心室內設計組特聘講師
- 亞洲建築 -Id 好宅秀執行顧問
- 時尚家居雜誌顧問

曾任：

- 「阿布丁丁」加盟總部行銷業務部經理
- 臺南市中小企業跨業交流協會區長、副區長
- 國際 BNI 商業組織活動協調員
- 聯合報系經濟日報專案經理
- 上百家臺灣室內設計公司諮詢顧問
- 南臺科技大學校友會總會理事
- 臺北市裝修設計公會教育訓練委員會顧問

【曾分享企業及學校】

南臺科技大學、中國科技大學、歐德系統家具集團、信義房屋集團（信義居家）、All Life 系統家具、丰品系統家具、富懋建材股份有限公司（富美家總代理商）、長堤空間視覺（窗簾壁紙業）、睡眠王國集團、臺北市室內裝修設計同業公會、新竹縣室內裝修設計公會……等及國內兩百多家室內設計公司。

【作品】

《室內設計師的烘焙成交學：打造行銷業務傲人的品牌力量》

年輕人奮鬥篇

☆我要給年輕人最真摯的建議：

環境可以有景氣與不景氣，

但只要心境上永遠要求自己處在備戰狀態，

無論碰到任何競爭與危機，都有辦法存活，

讓自己的心立於不敗之地，

面對未來就再也沒什麼好怕的。

—— 林曉芬

第一個禮物

做得勤不如做得好

每次有新的客人和我初次接洽，我總會聽到對方睜大眼睛說：「好年輕的老闆。」在出席各種商業性大型聚會的場合，身為女性經營者的我，也總被說是年少有成。

然而我的成長經歷並不順遂，我從學生時代就經歷過的磨練，也是少有人遭遇的。我不是要強調另一個版本的苦兒成長血淚史，只不過生命的路途自有其意義，我能夠在不到 30 歲的年紀白手起家，在一個全臺灣競爭很激烈的行業闖出一片天，的確得益於成長時期的種種考驗與學習。

在臺灣，大大小小的旅行社有數千家之多，而眾所周知，有好些年，臺灣的觀光業並不景氣，這是個非常不容易經營的事業。要想在不景氣且競爭者眾中求得生存，不只靠專業，更要靠聰明的做事方法。

對於年輕人來說，所謂年輕，相對說法就是「沒經驗」，如果一個年輕人想要和中壯年比，那永遠都比不過。

　　還好，資歷不是成功的必要條件，所以許多的頂尖企業，如微軟、臉書，當初的創辦人都是年輕人。

　　年輕人不要以年輕為藉口，未戰先退縮。年輕人若想要成功，你就可以成功，只是動手前要懂得先動腦，找對方法做事更輕鬆。

林曉芬的故事：一個深坑的送報女孩

　　提起臭豆腐，臺灣人可能第一個想到的地方就是深坑。深坑有條知名的豆腐老街，雖然是小有名氣，但其實那裡不算是頂熱鬧的地方。在景氣好的時候，假日人潮還算多，相較平日的時候市況顯得冷清，雖然深坑只是個郊外的小鎮，但我就是在那裡出生。

　　對我來說，這個純樸的小地方卻充滿著濃濃的人情味，走到街上幾乎左鄰右舍都彼此熟識，鄰居叔叔、阿姨都說我們家小孩是「報紙ㄟ囝仔」。

　　我的上頭有四個姊姊，底下一個弟弟。講到這裡大家就一定知道，這又是一個有著傳宗接代壓力的傳統家庭。也可以想像，身為家中第五個女兒，在出生的那一剎那，家人得知「又是女的」，空氣中多少帶著失望的氛圍。

　　簡單來說，我是個從出生就不被期待、成長環境也不優的女孩。

　　帶給我的生命哲學就是，你無法選擇自己的父母及原生家庭，但你可以擁有改變的能力，因此讓我從小就必須要想方設法生存，而有勇氣迎接很多的挑戰。

◎小學送報，造就不畏苦的基本功

　　我爸爸國中畢業，媽媽只有小學畢業，父母的學歷都不高。爸爸年輕時曾跑船一陣子，那個年代倒是有賺些錢，乃至於他有點資金可以買下一個小小報社。

　　所謂報社，其實就是地方區域的一個派報據點，至於員工，就是爸爸的弟弟和我們家的五個女孩，而最小的弟弟因為是最受寶貝的男丁，想當然不用加入童工的行列。

　　我開始送報紙的那年才小學五年級，每天上學前要送晨報，每天至少比同齡的小孩早起半小時，騎著淑女腳踏車，前面籃子放滿報紙，和姊姊們負責發送深坑周邊地區的報紙，派報的地方遠至木柵。

　　與其說這是勞力工作，其實這也是個很需要腦力的工作，在一早剛起床，我必須讓自己保持清醒的腦袋，熟記每家每戶訂的是什麼報，不能送錯，更不能漏送。完成我的分配額後才能回家吃早餐，接著再匆匆趕去學校上課。

　　或許大家以為家中有能力開報社，那也算是經營公司了，財力應該不錯才是。如果真是這樣就好了，打工就只是磨練，我也不用堅持送報工作五年。

實際情況是我從小學五年級起，所有的學費都要靠自己賺，因為爸爸雖然「開公司」，但錢卻無法拿回家，或許因為每天凌晨兩、三點就必須起床，加上養家的壓力太大，所以他紓壓的方法就是喝酒、嚼檳榔、賭博以及種種壞習慣。

總之，他賺的錢沒拿回家，跟媽媽也長期有許多爭執，到後來二人已經完全形同陌路。最後在爸爸的賭債壓力下，報社在我國中時轉讓給別人，爸爸連同五個女兒則成為員工，繼續每天的送報生涯。他的不良生活習慣，也讓身體的健康狀況亮起紅燈，在我大學二年級，爸爸才 51 歲的年紀就因病辭世。

小時候我非常害怕學校要收錢，學費、班費、校外教學費及種種學雜費，反正每回需要錢我都很難拿到，爸爸不給錢，媽媽也拿不出錢，從小學一年級到四年級都這樣。直到小學五年級時，靠著自己的打工以及當時年紀更大的姊姊協助才有錢繳，那時起，我也慢慢明白唯有靠著自己的努力，才有辦法改變我的人生。

年少不懂事時，我常常哭著想：「為什麼我們家沒有錢？為什麼我同學家那麼好？」但現在的我充滿感激，感謝上天的安排，就是因為小時候的成長環境如此，才讓我培養出比同齡的孩子更加敏銳的觀察及反應能力。

　　因為送報的工作，說簡單卻也不簡單，這是一份必須具備責任感才能從事的工作，除了大年初一到初四外，送報是全年無休，不論颱風下雨，就連颱風天、身體不舒服也一定要送，完全是「使命必達」的工作。這工作也讓我從小培養不怕吃苦的精神，一直到現在入社會多年，我依然保持這個狀態。

◎抓重點，以及抓時間

　　從小到大，很少覺得什麼叫無聊。對我們這樣的小孩來說，如何善用每天 24 小時，要讀書、要工作、還要協助家務，日後回想，至少我們的歲月比較不虛度，生活日日都充實。

　　當別人家小孩還縮在溫暖的被窩裡，我已經在寒風中騎著腳踏車送報了。送報的好處是什麼？除了前面提過的，培養吃苦當吃補的精神及責任感外，對我來說，還培養了兩個基本習慣，這兩個習慣對我日後學習成長及創業有著很大的影響。

　　首先，我養成快速記憶的習慣，每天要送報到幾十戶甚至上百戶人家，若無法熟記地址以及各家訂什麼報，那可能摸索兩、三個小時報紙也送不完，學校上課時間也肯定會耽誤。因

此我被迫要很快的記憶，懂得抓重點。

另一個習慣則是把握時間把事情完成，以現在商業術語來說，就是做事要更有效率。

這二者其實都跟時間有關，只不過前者的重點在腦袋，後者的重點在行動。因為貧窮逼得我要善用時間，而如何掌握時間，正好也是人們想要成功的重大關鍵。

先說抓重點的習慣吧！小時候，我最羨慕別的孩子什麼事呢？說來大家一定不相信，我小時候非常羨慕同學去補習。現代的孩子也許覺得補習很討厭，寧願去玩也不想要被關在室內讀書，但我當時卻很羨慕別人有錢可以下課後繼續研習功課，而我卻必須去工作，或是只能和兄弟姊妹在一起。

理論上，像我這樣的孩子，家境不好又沒時間補習，成績鐵定很差，可是實際上卻相反，我的成績一直保持中上的水準，考試成績都是前五名，為什麼呢？因為我很會抓重點。有句學生常用的術語叫做「臨時抱佛腳」，我受迫於環境，考試幾乎都是臨時抱佛腳，但我卻可以在很短的時間內抓到課本的重點，然後考試得高分。

不是一次、兩次，而是每次都這樣，這已經變成是我的一種能力。直到長大後入社會，我才發現這項能力背後的一個重

要關鍵思維，那就是邏輯思考。這項能力對職涯人來說非常的重要，我又稱這項能力為「獨立思考的能力」。

送報培養我的第二個習慣，就是抓時間。我當時每天送報，報紙就是代表最新資訊。我如果每天和最新資訊為伍，自己卻什麼都不懂，那就太對不起上天給我這樣的機會了。所以我每天會透過不同的空檔，例如派報社將報紙歸類的時候，或者送報完後時間還早時，我就會利用空檔看一下報紙。

除了新聞外，我最喜歡的版面是副刊。我還記得當年我很喜歡看「聯合副刊」，可能因為自己的家境不好，我特別愛看那些小小的故事，像家庭旅遊、生活趣聞等等，並且邊看腦海中就幻化出一幕幕畫面，結果後來就變成小小的文青。

雖然日後沒有朝文字工作發展，但我在學生時代，年年參加國語文競賽、作文比賽都得獎，高中時也得過全校作文比賽冠軍。甚至考大學時，第一志願也是新聞系，想當個記者。

無論如何，文學的能力帶給我之後創業在文宣品以及文字交流上很大的幫助，我也深信文字所帶來的力量。而我這個連繳學費都有困難的女孩，怎可能培養文學氣質呢？都緣由於一次次在送報時間抓時間讀報，進而養成閱讀的習慣。

🎁 人生的啟示：抓住邏輯，掌握制勝關鍵

在旅行社這個行業，我算是很年輕就白手起家創業，並且業績持續成長，而且我也是業界較少見的女性老闆。

能夠在創業路上朝成長之路邁進，除了歸功於這一路走來我經歷的許多磨練，以及不同階段遇到的貴人，很重要的一點在於我處理事情的方法。我透過抓重點的方式，省去了許多不必要的時間浪費。

我在高二升高三時，曾經想加入理工組，當時如果加入，往後的路徑就不一樣了，因為我擁有「獨立思考的能力」，數理成績都不錯。只不過內心崇尚文學的思維勝出，我還是選擇了社會組，雖沒能如願考上新聞系，但是考上了第二志願的休閒旅遊觀光科系，後來也發現，在旅遊服務業與人際的相處上，邏輯能力也是非常重要的一環。總之，我從小學開始，培養的抓時間、抓重點習慣，到後來學生時期我在數理表現優異，因為共通的關鍵就是邏輯思維，溝通能快速切入重點，省時又提高效率。

我鼓勵年輕人，不論身處在什麼行業，做事情不要一味的悶著頭打拚，也許初始老闆看到這個年輕人很認真，會給你嘉

許，但做事要看長遠，三個月、五個月、半年後，若你還只是個很有「苦勞」、但沒建立什麼「功勞」的人，前途依然不會看好。

這「功勞」是怎麼來的？也就是你如何把一件事辦得好，絕不是單靠努力就可以達到。你當然還是要努力，但我強調的是你必須「聰明的努力」，或者說「有效率的努力」。

同樣是拜訪客戶，為何你拜訪那麼多次都沒有業績呢？與其悶著頭繼續苦幹實幹，為何不去想想，事情不能完成的背後原因？找出問題的可能原因，又要如何找到解決問題的方法。

我認為建立邏輯思維很重要，也就是如果 A 發生，接著就是 B 發生，然後 C 也會受影響。若這個模式確認了，就可以套用到若 D 發生，接著 E、F、G 的連鎖反應。這是一種全面性的生活習慣，培養了邏輯思維，開會時老闆和大家討論行銷策略，你可以舉一反三，察覺到更多的行銷可能。老闆交辦任務，你可以從話語中判斷出老闆背後的意圖，而不會死腦筋的只聽命令行事。

邏輯思維不是靠死讀書就可以培養的，而是需要許多的生活實戰經驗。所以為什麼以前的創業家很多都是學歷不高，但反倒變成大富翁，那正是因為他們的生活經歷，帶給他們夠多

的邏輯思維訓練。

　　到了網際網路時代，現代人若學歷不高比較難有成就，主要是因為很多知識必須在學校研習。但古今的道理皆相通，我們可以從書本汲取養分，但如何應用仍要透過生活的實作。

　　年輕人可以透過參加不同領域的活動，最好可以有機會在社團擔任幹部，培養臨場反應，事情累積越多，就越容易培養邏輯思維。

　　與其努力好幾年但都是用「笨方法」，我鼓勵年輕人先找對方法再來努力。我是因為從小家境不好，被環境磨練出來的，但現代的青年，可以透過各種歷練自己去闖蕩，累積自己的實力。

第二個禮物

思維信念，可以改變世界

　　人，經常是脆弱的。我知道許多的事業女強人，在人前展現精明幹練的一面，但當回到家一個人的時候，也會脫下高跟鞋，坐在地上嚎啕大哭。就算是一個男性，也會在愛人面前鬆懈下來，哀怨的說著他過得好累好累。

　　所以還是那句話，人生真的不容易啊！特別是我們總要面對不同轉折，隨時因應不同挑戰。當面對轉折時刻，就算你選擇不改變，那也是一種「選擇」，當然，選擇改變，那又是很大的挑戰。好比說，身為基層員工你做得不錯，但總不能一輩子當新人吧？你要怎麼提升位階？在一個產業待一陣子不上不下的，你總要做點轉變吧？不論是向上突破，或者轉行到另一個產業，總之，你不能維持現狀原地踏步，你不會想讓自己永遠不上不下的。

　　但選擇談何容易，這中間你的心要夠堅強，才能做出正確的選擇。智者曾說：「當碰到問題，要懂得傾聽內心的聲音。」

　　問題是有的人若內心是空洞的，那他什麼都聽不到。於是順著人性好逸惡勞本色，被主管罵就想離職，業績不好也想離職，覺得任務太難想離職，覺得周邊有誰看不順眼也想離職。對他們來說，遇到挫折唯一的解答就是離職。

　　除非內心有正面的信念支持著你。這信念也許來自自己的人生經歷，也許來自自我成長學習，或來自某個宗教的心靈慰藉。但永遠不要讓心處在空虛的狀態，就像黑暗裡，總要有盞燈帶給你安心。

　　什麼是你認定的安心？什麼才是你的寄託所在？

　　這是每個人都要去深思的問題，也是年輕人在成長路上一定要修練的課題。

林曉芬的故事：他們改變了我的路

回想起我的成長過程，難免還是有些「有驚無險」的情節。在生命中的某個時刻，也許我的一個念頭轉錯，後來的我也就不是現在的我。

當那個時候，可能一念之差，我懸崖勒馬；也可能一個老師的關愛，讓我找到再接再厲上進的溫暖力道。雖然我因為小時候環境不好，而磨練出很多謀生技能，但我卻絕不鼓勵家長對孩子放任管教，別誤以為自生自滅、放牛吃草的方式，就會培養出很「厲害」的青年。因為連我自己回想我的成長，都覺得後來沒變成不良少女還真是萬幸。

記得國中時我就很叛逆，上課時會聯合其他姊妹淘，欺負比較老實的老師。我們身為女孩，所謂欺負不是什麼暴力，只不過是愛玩的青春少女那種嘲弄，但玩笑為主，沒有惡意。

那時我也會蹺課甚至蹺家，印象很深刻，有一天不知怎的我不想念書，好想逃離現況，於是背著書包卻不想去學校，走啊走的從深坑走兩、三個小時到木柵動物園，身上還穿著制服，一個人在那邊看動物。

有一位好心的阿姨經過，看到我就問：「小妹妹，你今天

不用上課嗎？」我瞪了她一眼，然後就自個兒走開了。

這個畫面到現在還時時浮起，也記得當時的心境，是那種少女淡淡的哀愁。但也真的幸運，我並非碰到色老頭、不良少年或淪入吸毒等不良惡習。

我想，牽引著我的還是當時內心裡某種純良的本質，或許得自平常書本或報紙上得到的文藝啟發，或者是老師平常對我的關愛。這讓我雖然偶爾叛逆，有時候像個壞女孩，但終究還是會乖乖回到校園，在校成績也總是維持在不錯的名次。

不論如何，我雖偶而會蹺課，但卻從未在工作領域（也就是打工）做出擅離職守的事。

◎我相信你可以做更好的選擇

說起我的工作，沒錢繳學費的我，當然每天都要打工。國中時一下課就必須去東山鴨頭店幫忙，當別的女孩可以穿得漂漂亮亮的，下課後回家被父母呵護，我的家庭卻如此疏離，這讓我比較早熟，甚至有點冷眼看人間式的冷傲兼自暴自棄。

也因此當到了國三階段，學校開始要分班了，幾個班級要

分成繼續升學的普通班，以及朝謀職之路發展的技藝班。老師問全班同學有誰想去技藝班，當大家都還在思考的時候，我卻是第一個舉手的，心想不論要學美容或學什麼都好，反正我這種沒錢念書的小孩，就是早早入社會工作的窮人命。在我家，大姊就是朝技職路線發展，後來念五專，之後生活也不錯，可以給家人財務支援，她就是我的學習目標。

如果在一般狀況，既然學生都自己舉手了，老師只要登記一下，按照學校規定呈報就好。如果是如此，未來的發展就會走向另一條路，然而，我遇到了一個教學用心的老師，他知道我其實成績不錯，他不會因為學生說要怎樣就怎樣。他看到我的資質，然後花了很多時間來開導我，他跟我分析繼續升學的好處，也鼓勵我要往更高的境界發展。

當時的我還很叛逆，所以對老師的反應其實有點「酷酷」的，愛理不理的樣子，但內心裡我其實是溫暖而感動的，因為我當時的表現其實有點像不良少女，很愛玩、很叛逆，但老師卻願意看重我的優點，不斷的鼓勵我。

就因為他的堅持，我終於改變心意，後來選擇繼續升學，之後考上高中，再考上世新大學，到如今創業當老闆。

我衷心感謝，在我的人生轉折路上，這位老師忠實扮演著

一個「明師」的角色。如今每隔幾年我會撥空回去看老師，這位老師姓朱，其實只大我 10 歲，當時的她也還是個剛到學校任教職的女青年。也許當時的她只是秉持一種年輕人的熱忱，無論如何，他當時的堅持，改變了我後來的人生。

◎讓我記得一輩子的讚美

從小我跟四姊最親，由於年齡最接近，經常一起上下學，打工也在一起。有時候大人們會戲稱：「曉芬做什麼事都在模仿姊姊。」於是考高中時，我明明可以和四姊一樣就近念石碇高中，但我卻刻意去念離我家比較遠、位在汐止的秀峰高中，只為了要「做自己」，不要被說是姊姊的影子。

但說到底，我還是因為受到別人話語的影響，才去念其他學校。畢竟，少女的心是很容易受外界影響的。

考上高中後，因為學習環境影響，我再怎樣叛逆，也不容易走偏路。因為中學遇到好老師，讓我沒有變成染上惡習的不良少女，頂多是高中後變成酷酷的文藝少女。

那時候，我雖然靠著打工可以賺錢，但仍不夠錢繳學費，

感謝我的幾個姊姊，她們在我的求學路上幫我很多，直到上大學後學費可以貸款，大學打工後慢慢賺錢還她們。

不論如何，一個連念書都要靠借錢才能讀下去的女孩，心裡還是不快樂的。那時候支持我的一個很大慰藉，就是來自作文比賽的成就感。這對我來說很重要，因為我是個從小就缺少「讚美」的孩子，當得獎上臺領獎，對我的內心鼓舞非常大。

我出生在一個很少愛的家庭，我印象很深刻，從小到大，爸爸很多時候都在酗酒，也很少關心家裡，就連媽媽也只稱讚過我一句話。至今我仍記得，那是一次不知道怎樣的場合，可能是類似親族間的聚會吧！媽媽一邊摸著當時還是小學生的我的頭髮，一邊笑笑的說：「我們家的曉芬，最漂亮了。」

時光荏苒，如今我已過而立之年，也已經身為人母。但每當挫折的時候，不知為何，心中就會浮起媽媽當時的笑臉，以及她的那句話，瞬間我的內心會回到一個被呵護的小女孩心境。媽媽稱讚著我很漂亮，而我也就找到了自信，可以勇敢面對這個競爭激烈的社會。

當然，我還是很愛我媽媽，成長後的我回頭去想想媽媽那時的處境，就會感受到一個女人家，做先生的不給家用，她要獨立照養六個孩子非常的不容易啊！

　　還記得另一個鼓舞我的人，是我小學三年級時長得很漂亮的班導師，自我有記憶以來，媽媽為了方便，在學齡前我都是留著男生的頭髮，上小學後媽媽從來沒有幫我綁過頭髮。小學三年級時，我留了長髮，在學校時，或許是因為座位的關係，我剛好靠近導師的桌子，每當中午吃完飯午休時間，導師一轉頭看到我，就會笑得眼睛瞇起來，說聲：「曉芬，過來。」當我走過去時，導師就會溫柔的幫我綁頭髮。

　　也許對導師來說這只是一個小小的動作，但對當時的我來說，卻沉浸在一種幸福的氛圍裡。這是一個美善的種子，讓我小小的心靈有著「世界是美好」的印象，這印象如此的強烈，也是日後我不管如何叛逆，或者如何有著青春期的低潮，但我卻始終沒有朝錯誤的方向走。也許就因為那個老師當下的關愛，不僅守護住幼小的我，也守護著我之後很久很久的未來。

　　多年後，我有時候碰到挫折，仍會想起當年的頭髮觸感，然後想著老師美麗的樣貌，好久沒見到她了，希望她現在過得很好。

　　在你的人生中，有過影響你很深的人嗎？或者，相信你也能成為影響別人很深的人，願這世界充滿善的循環，撫慰一個個曾經孤寂的心靈。

🎁 人生的啟示：找到支持你往前走的信念

職場路不容易啊！並且一代比一代不容易，因為世界地球村化的影響，社會競爭更加殘酷，但資源卻又相對的少。特別是年輕人，從零開始要面對種種考驗，每天都有著不同的生活習題。

不要逞強說我憑著自己的意志力就能面對一切，如果內心沒有一個堅強的信念，光靠意志力，那就像是長途賽跑只一味的跑，終究會累垮，甚至會崩潰，所以在馬拉松比賽中一定會有中繼站提供補給品。

人總要有個內心寄託，這或許來自你從小培養的某個信念，或許來自貴人的指引。無論如何，信念很重要。信念不等於信仰，當然，一個信仰非常虔誠的信徒，也等同於有著強烈的信念。但現代人很少對於一個理念如此投入，所謂信念，就好像哥倫布航海，當大家都質疑再往前行真的會碰到島嶼嗎？身為船長的人，必須不為群體壓力所動，堅定的相信，再往前行，就會遇到新世界。

當風平浪靜的時候，一切都很好，可是當考驗來臨，才會知道信念很重要。

如果你是業務，一個月、兩個月都沒有業績，你會不會想要放棄？

如果你抱持著熱忱進入一家公司，但後來你看到前輩們都得過且過的過生活，你是不是也會告訴自己：「人生不要太認真，不過是領一份薪水罷了。」

如果你帶領一個團隊做工程，遇到颱風下雨，隊伍都在抱怨要休息，但若休息就會讓工程延宕，你會不會堅持要把工程完成？

如果你提交一個企畫案，被主管狠批一頓，要你重來。你會不會痛定思痛，提出一個更好版本。還是回座位後一直哭，第二天遞上辭呈？

人們的種種行為，往往做決定只在一念間。

你要遞辭呈，或者選擇讓自己更好，都只是腦海中的一個判斷。當你一開始就有著信念，這樣的你，絕對不會輕易在挫折面前投降，頂多你今天會找方式宣洩，但接下來還是會砥礪自己更加努力。

但是若一個人內心少了信念，那麼任何一個風吹草動，都會是讓他崩潰的最後一根稻草，只有選擇逃避到安全場所，然後一輩子都不斷的逃逃逃。

　　希望正在讀這本書的你，已經擁有屬於你的堅定信念，我很替你開心。

　　也許你可以透過多上課，尋找明師指引，也許你可以多閱讀，從書中找到導師。或者，你可以挪動你的腳步，主動去和前輩請教。貴人不一定會主動出來找你，若有貴人找到你，那是你的幸運，但這不是定律，你還是要主動出擊。

　　看到值得學習的人，好比說公司裡總是業績冠軍的前輩，勇敢去和他學習請教吧！讓他成為你生命中的導師，讓他傳達你正向的信念，那麼，你未來的路就會開始變得不一樣。

第三個禮物

上天幫你前，你自己已經準備好了

　　臺灣老一輩的人常常會說：「冥冥中註定。」在傳統宗教因果輪迴、善惡有報的信仰觀念裡，談話總帶點宿命論。

　　宿命論真是一把雙面刃，對內心有抱負、有志氣的人來說，他相信自己「命中註定」會成功，於是跌倒了再爬起來，永遠相信成功就在前面；但相反的情況，更多人就把失敗歸罪給命運，反正自己的人生是上天安排的，我「無能為力」。

　　仔細想想，的確很多事看似都跟命運有關。為何那些億萬富翁們，總剛好遇得到貴人，分享他們重要商機呢？為何那些創意發明家，總會剛好看到某個景象，刺激他們研發出新產品呢？為何那些好事不會發生在我身上，為何貴人、珍貴情報都不會有人提供給我？

　　真的是這樣嗎？

　　是命運待你不夠好，還是自己實力太差？

　　反過來說，若你命運很好，上天願意提供好的機會給你，

你確定你能承接得下來嗎？

　　什麼是「命中註定」？什麼是「命運操之在我」？這也是
年輕人應該學習的課題。

林曉芬的故事：冥冥中註定

如果要說「冥冥中註定」，我的人生可以說就是現成的例子。如今我全心投入旅遊事業，這雖是我大學之後才決定的生涯道路，但回過頭去翻翻我的國中畢業紀念冊，就會赫然發現，當時我留下的畢業留言中，我的夢想就是要「環遊世界」。

想要環遊世界，從事旅遊業這行就可以讓這個夢想不再遙不可及。不論身為規畫行程的旅行社人員，或者在第一線帶團的領隊導遊人員，「環遊世界」的確已經是我的日常工作，這不正是「冥冥中註定」？

直到念大學前，在我的人生藍圖裡，從來沒有想到自己將來會進入觀光產業，甚至如果說在深坑老街豆腐店端盤子也算「觀光產業」的話，我當時對觀光業並沒有特別的嚮往。

但命運自有其安排的路，高三的時候，每個同學都關心著未來升學發展，當時我有一個要好的同學，她在校成績不錯，她的志願是想要念世新大學觀光系，這也是她推甄填寫的第一選擇。事實上，我家雖然住在深坑，離世新大學不遠，但那次陪她去世新大學的面試，卻是我第一次進到世新校園。

後來那位同學推甄沒有如願被錄取，只好跟著我一起參加

聯考。結果聯考放榜後，反倒是我考上了世新大學觀光系，而那位同學只能用哀怨的眼神看著我，彷彿是我搶走她的夢想。其實這一切都是巧合，當年推甄我沒有選世新，純粹是因為我是個窮小孩，報考每個學校都要另外付費，在資源有限的情況下，只能選擇公立的學校嘗試。

但聯考就不同了，考完可以填很多志願，我第一志願是政大新聞，接續著新聞思路，我也填選世新新聞系，然後依照志願順序，我優先選填離家近、不用在外租屋的學校，就這樣，依照我的成績進入世新大學觀光系就讀。

身為一個學生，當時我並沒有想到太遙遠的未來，一切還是以生計為考量。畢竟我的學費雖可以靠就學貸款，但生活上的一切費用仍須自己賺，我入學後第一要務，就是要找打工機會好過活與繼續完成學業。

甚至直到那時候，我雖已經和觀光產生關係，但我打工的時候仍沒有想到要朝旅行業發展。

大一時，我去 KTV 打工，純粹只為了時薪高。現在想想，那個工作其實也有很多小小危機，一開始我做的是夜班，白天上完課後就直接去打工。情況是還好，當年是年輕漂亮的女孩，有時候會有客人「過度的關注」，但尚不至於發生危險。

後來因為想賺更高的時薪，我改調大夜班，那時就有比較多特殊的狀況發生。

原本深夜來這裡的人就比較複雜，三教九流都有，看過很多次酒後暴力事件，親眼目睹有人吵架直接拿酒杯砸別人的頭，鮮血直流。說起來這段經歷，後來也跟我的創業有關，在KTV打工那段時間，我學會各種SOP的制定，包括當客人受傷了的因應流程，或者各類緊急狀況要如何做好危險處理，都有完善的教導我們這些工讀生該如何處置。

例如當客人有暴力事件時，除了打電話外，要做什麼呢？有件事大家可能沒想到，那就是要移走滅火器，為什麼？當然是要防止醉客拿滅火器打人，那可是會出人命的。

這雖都是一些細節，但卻影響很大。這讓我學到「魔鬼就藏在細節裡」的智慧，日後我成立旅行社，這一行的細節非常多，在我認識的朋友中，還沒有哪一行像做旅行社這樣，每天要處理不一樣的繁瑣細節。如何建立SOP，並且化為一種隨身的習慣，打工時期的磨練對我來說很重要。

但畢竟大夜班的工作太過危險刺激了，並且天天熬夜對身體也不好，於是二年後我轉換跑道，去一家旅遊租車集團擔任客服。那裡的工作培養我更多的業務技巧，更重要的是，我的

旅遊業相關經驗就從那時候開始，也讓我想從事旅遊業的心開始萌芽。

從我開始接觸旅行業，到後來逐漸深入了解各項流程，乃至於發現自己真的很喜歡這個行業，畢業後也順理成章的進入這一行，一步一腳印的學習磨練，終於到某一天可以自立，開創自己品牌的公司。這一路走來，看似有很大的成分來自「天意」，可是就算是「天意」，如果我沒有過往的種種經驗學習，那麼絕不可能不到 30 歲就創業。

必須說，當上天使命找上我時，我已經「準備好了」。

當時的我，早已透過從小學就開始的打工經驗，擁有一定的與人接觸的敏銳度。其餘帶給我磨練的項目還包括業務技巧的訓練、如何耐心面對客戶等等，至於旅行社的實務經驗，反倒是比較晚期才學的。

首先說說我的業務經驗，業務的基礎，不包含中學時代泡沫紅茶店或豆腐街端盤子與客人簡單的應對，也不包含在 KTV 打工面對不同的客人，這些都是被動性的接待客戶。

純以實際「開發業務」的角度，我真正開始學習業務是國中畢業要升高中時那個暑假的工讀經驗。我和就讀高一的姊姊去臺北市鬧區對路人直接銷售筆，後來從事和陌生人主動聯繫

的業務接洽，則是在進入租車旅遊集團公司後。

當時擔任客服的我，處理的業務包括該集團的所有業務，雖是客服，但若應對不好，會影響公司形象進而影響業務。在前期，我主要學的是如何「讓接電話的客戶感到滿意」。

集團業務裡包含觀光客運，每天都會有人來電詢問到某某樂園的門票以及接送方式為何，同樣的問題一天要講十幾、二十次以上，你要訓練自己，擁有絕佳的耐心及如何讓人感到舒服的講話語氣，一點都不可以有不耐煩的情緒顯露出來。

畢竟，對你來說，今天已經講十幾、二十遍同樣的話語，但是對客人來說，他們才是「第一次」。耐心、耐心、耐心，客服處理每件事，包括當時的復康巴士業務，時常要面對有身心障礙及病痛，也因此脾氣比較暴躁的客戶；包括聯絡租車，要面對情緒管理較差的客人，在電話中的謾罵。

我永遠要讓自己心平氣和，永遠要讓自己很有耐心，這對我日後經營旅行社非常有幫助，旅行業牽涉的環節太多，從出發辦證、跟團或自由行安排、住宿、交通、天候、機位、團員相處，每個環節都可能會有狀況，並且每天要面對不同年紀、不同個性、不同族群屬的客人。

客服打工時代培養的耐性及高度的抗壓能力，是我能夠經

營旅行社年年成長、得到客戶高度讚譽的原因。

其他像是前面提過的「重視細節」，以及「重視團隊的合作」，例如當時我還在 KTV 打工的時候，我就懂得什麼是團隊合作及職場倫理。在 KTV 打工，其實時薪只是收入的一部分，另一個財源就是客人的小費。

那時候我們就懂得團隊合作的重要，當一個客戶進到 KTV 感到滿意，是包含從接待、點歌、餐飲以及每個員工應對進退等環節都到位，客人才會有極高的滿意度。

雖然身為第一線的接待女孩，我親手拿到小費的機率很高，但我們都明白，這些小費是由於每一個職位的同仁用心服務才有的回饋，絕對不會是我一個人的功勞，所以基本上小費的收入是整個公司團隊共享的榮譽。

此外，KTV 裡有很多種工作，每個人只要資歷夠久都會輪到。每件事的屬性不同，但都要眼明手快，若發生狀況，當場愣在那裡，就是不及格的表現。

好比說點歌，那年代點歌有很大部分需要人工化，當包廂裡的客人拿起選歌控制鈕，一個個輸入歌單號碼，連接的並不是電腦全控制的播放系統。其實號碼都傳到後頭管控室裡，由工讀生依照號碼一一在架上「找歌」，若一個包廂一次點很

多首歌，這是最好的狀況，工讀生可以事先找好歌依序放入就好，最怕的就是客人唱完一首才突然選下一首，那時後面的人可就手忙腳亂了。

然而人不會永遠手忙腳亂，經歷多了，就會變成眼明手快。這是需要磨練的，當年經過這樣磨練的我，日後創立旅行社時，早已習慣各種突發狀況，一下子某某班機延誤，一下子客人來電說接送司機還沒到，一下子有人客訴飯店服務不滿意等等，我不敢說我可以遊刃有餘的輕鬆應對自如，但至少可以做到讓客戶滿意。

這是旅行社經營的重要關鍵。

所以說這是上天安排，還是自己學習成長打造的基礎呢？

我想，任何的工作要做到純熟，關鍵都是如此。

🎁 人生的啟示：從每個現在，逐步累積你的未來

每一個現在都是過往的累積，這似乎是一個不講自明的道理。問題是，你擁有的「現在」，是怎樣的「現在」？

很多人常感嘆自己命運不好，沒有有錢的父母給予自己一生不愁吃穿的生活，那麼假定現在好運降臨給你了，你真的可以「勝任」嗎？

假如有一天，你忽然接到一個遠房親戚的通知，他把遺產留給你，包括幾間店鋪，這些店鋪在你手中，可以變成有用的資產嗎？

無預警的，公司某個高階主管不但「叛逃」到敵營工作，並且還一次挖走公司大半的人。老闆找你臨危受命為高階主管。那麼，你可以「撐起」公司的業務管理工作嗎？

天天喊著想創業，某天老爸突然把你叫去，嚴肅的告訴你，其實他從你小時候就幫你存錢，如今也有幾百萬了，這筆錢就當做創業基金吧！請問，你拿了這筆錢就真的「有本事」創業嗎？

「想要」做跟「能夠」做是兩回事，年輕人常常被批評為眼高手低。說想要開咖啡店，但連怎麼泡咖啡都沒研究過；說

想要當老闆，卻連一本經營管理的書都懶得翻，這樣怎麼成？

別因為自己年輕，就把什麼事都留到「以後再說」，所謂老闆，也是從基層磨練起來的，那些「磨練」從什麼開始呢？就從每一個「現在」開始。

朋友們，不要抱怨上天沒給你機會，請記得，隨時加強自己，不論是打工、聽演講、讀書，或是任何的經驗累積。

先累積自己的實力，再來問上天給不給你機會吧！

第四個禮物

有時間，就去歷練吧！

　　商場如戰場，這句話不只針對企業與企業間爭奪消費者市場，其實也針對我們每個人。

　　在職場上，為何同時進公司的兩個人，一個兩年後變課長，另一個做不到半年就離職？銷售商品，為何有人業績不但月月達標，還能創造千萬年收，有人卻連每月的吃飯錢都付得很克難？

　　從學生時代做過各行各業的工讀工作，一直到今天自己創業當老闆，見過形形色色的人，特別是勉勵剛入社會的年輕人，處在關鍵的發展階段，30 歲前敢衝敢要的人，跟茫然過日子的人，未來四、五十年的人生絕對是天差地遠。

　　但問其關鍵，卻也不複雜，如同前面所說的：「敢衝敢要。」這個「敢」字，不需要學歷，不需要特殊背景，更不分男女。敢於追夢，夢想就在前方等你。

✿ 林曉芬的故事：我創業前的豐富歷練

說起我的工作經驗，可以說從來沒斷過。一開始是為了生計環境所逼，後來則是在累積一些經驗後，很快的找到了一生的人生志業。我常覺得自己是個幸運的人，兒時以為的不幸現在反觀卻甘之如飴，到現在因為經營自己的事業，每天都在快樂的忙碌著。

雖然隔行如隔山，也許觀光旅遊科系跟電機工程、企業管理或者社會心理學等會有不同的職涯，但總有些處事道理是共通的，例如敬業樂業的態度、對人的誠信道德、願意付出比別人多一些等等。

不論是哪個科系的年輕人，我的建議是，有機會多多透過打工以及參與社會事務歷練自己、豐富自己。

◎那些日常生活貴人教我的事

可能是因為從小家境不好，所以我養成一種習慣，總是讓自己的全身五感處在「接收資訊」的狀態，有任何好的機會就

去把握。

以小時候來說，我當時連繳學費都有困難，因此我最關心的就是有什麼地方可以讓我賺錢。但後來發現賺的錢不一定很多，但肯定可以賺到最多的是「眼界」，這對我日後創業有很大的幫助。

旅行這個行業，每天接觸到的是不同行業的客戶，有的是老闆，有的是飛來飛去的業務，也有公務員、教授等，如果初次接觸的那一刻，你和他的對談無法契合，那可能商機就會流失。相反的，若和對方講話講沒幾句就很「投緣」，後面要談生意上的合作無疑能事半功倍。所謂「投緣」靠的是什麼？靠的無非就是「見多識廣」。

我才十幾歲就已經比一般小孩子要「見多識廣」了，除了送報、電子工廠作業員、洗頭小妹、KTV 打工以及在深坑豆腐老街端盤子外，我還有很多可以「接觸到人」的工作及經歷。

在我國小時，因為家境清寒沒有零食吃，那時候附近有教會活動，我和姊姊們為了貪吃零食，每個星期都會去教會報到。那裡有幾個阿姨看我們幾個姊妹乖巧，委託我們代為當保姆，這是有薪的工作，那時候我和姊姊就開始輪流去幫忙顧小孩，過程中也會和家長們應對進退，那時只是國中生的我，也

表現得有模有樣。

直到這一、兩年，我回深坑老家還會遇見那位阿姨，她笑說當年的小保姆，如今有了自己的事業，真是女大十八變。

大學念的是觀光系，有機會我也會參與帶團。當然，在一開始尚未考取合格證照時，也不是正式領隊資格，但我從當個助理領隊開始學習。很幸運的，我有幾個學長姊，他們用自身良好的範例，讓我學到很多的專業帶團觀念及技巧。最讓我印象深刻的，有一個學長叫「阿諾」，他除了非常擅長於植物解說外，他對客戶的服務熱忱，直到今日我還記憶猶新。

那次行程是帶團去臺東及綠島觀光，回程火車抵達臺北車站，下列車正準備跟旅客一一道別時，突然有位旅客大喊：「糟糕！我的一個行李袋忘了帶下車！」學長問明行李袋的樣子以及車廂位置後，立刻衝上車找。

但過了幾分鐘火車即將要啟動，學長卻還沒下車，忽然火車開始緩緩往前，大家很緊張的時刻，看著火車逐步駛離月臺，千鈞一髮之際，學長從最後一節車廂的門口跳出來，跳上月臺末端還翻滾一圈。

這其實是個錯誤示範，他可以等到下一站再下車，但這意外的小插曲，卻讓我永遠記得當時學長為客戶權益而奮不顧身

的精神。這種為客戶全力付出的精神，也影響了我一輩子。日後我成立旅行社，對於客戶的所有關注，我都放在心上。

有時候有自助旅行客戶到了國外，若是到達時間已經半夜，雖然他們只是跟我買機加酒，我不必管他們的行程，我仍會打國際電話去關心，確認他們是否平安找到旅店。這已是我的一種習慣，把客戶當成自己家人一樣關懷。

其他許多和我現在創業相關的技巧，我在大學所念的專業科目，其實都是談觀光理論居多，但大部分的實務都有賴於生命中的貴人教導。這些貴人們分散在各行各業，例如我在學校聽課，也會注意到老師講話的方式，包括那時參加實習帶團，我也很留意領隊們的講話方法。

舉例來說，如果講話時可以搭配語氣變化，還有不同的手勢吸引聽眾焦點，那麼場面就比較不會冷冷清清。我曾看過有些旅行團，導遊在前面講稿似的介紹行程，一眾遊客只是無聊的坐著，場面很冷，之後整個團的互動也冷。這就讓人與人之間似乎少了溫度，遊興多少受影響，所以領隊導遊人員絕對是讓整趟旅程的重要關鍵之一。

◎累積實力，才能在旅行業生存

以旅行社這個行業來說，最重要的專業是什麼？當然是綜合所有觀光資源相關的專業技能，諸如景點介紹、票務規畫、交通路程、飯店預訂安排等等，這些是最重要的專業，但對從業人員來說，都不是最重要的技能。

對我來說，這些只是基本的技能而已，也就是說，要從事這行的人本來就應該要很懂。當大家都很懂的時候，想要脫穎而出的絕不是旅行專業技能，而是兩個重要面向的實力：廣而博、精而強。

廣而博，從事這一行的人要懂的領域很多，同樣兩個旅行社業務，一個和不同領域的客戶隨便都能聊上幾句，另一個只會聊旅遊業務事項，自然前者勝。

精而強，就是指對真正專業旅行從業人員來說，他不只懂得旅行各個環節的知識技能，並且還能深入到融會貫通的境界。講住宿，從五星級飯店到地區型小民宿都可以安排，也清楚各種法規；講通關，除了基本海關規範，也了解去不同國家旅行應注意的事項。當然，「廣而博」、「精而強」適用在每個行業，只是對旅行業來說，更是非常強調。

　　這個行業其實分工也很細，例如許多人知道，同樣叫旅行社，但每個旅行社都有不同的專長分工，有的精通東北亞，有的是走中國大陸線，還有專精精緻深度之旅的。此外，旅行的屬性包括國旅、Inbound、Outbound、機票代辦、團體旅遊、員工旅遊、量身訂做規畫等等，就算已經在旅遊業服務多年的人，也不一定懂得每一種旅行方式的專業 Know-how。而這些知識絕非靠書本學習就可以知曉的，都必須透過實務經驗，才能真正成為自己的能力。

　　我從小就嚮往環遊世界，到了大學時代，確認自己真的對旅遊業有興趣後，接著便是找各種機會，讓自己盡早可以成為這方面的專家。

　　小時候窮過的人都會有種危機感，知道平常要培養各種專長。例如提起臺灣的旅遊業，大家都知道近年來臺灣觀光面臨諸多危機，陸客大減，許多觀光點面臨來客數腰斬的慘況，處在旅遊業界，不論是飯店業者、遊覽車業者或各種旅行團規畫業者，大家都叫苦連天。如果沒有事先就建立危機意識，真的很容易當碰到不景氣時，就失去了生存的能力。

　　如何降低不安全感，機會就要靠自己爭取。學校只教你基本知識，想要學到更多，就要靠每個學生自己的自動自發，以

及心中想要不斷學習的強大信念。

當時在世新念觀光系，這個系有分成旅遊規畫暨休閒遊憩管理組，以及餐飲管理組。我大二時已經確定要走旅遊產業，大三時就開始主動尋找實習機會。

相較來說，有的學生大四才開始企業實習，有的選擇畢業教研究報告。但我自始至終都知道，將來要想在旅遊業掙得一片天，求生之道無他，越早進入實務越好。

整個學生時代，我就累積豐富各行各業的實務經驗，可以說，我比一般社會新鮮人早好幾年開始累積人脈及資歷。而今若有人問我，怎麼那麼年輕，30 歲就可以創業開設旅行社？我都會跟他們說，論年紀我可能算年輕，但論資歷，我也算是業界老鳥了。

18 歲就開始投入觀光產業，我有自信我的專業實力，絕不輸一般的旅行社老闆。

◎實習學生開始承做旅行業務

其實早在學校開始安排觀光系學生可以參與實習前，我就

已經和旅行社有連結了。當時我在某個遊覽車集團擔任客服人員，例行工作是每天接電話與客戶溝通。

該遊覽車集團內也有旅行社部門，那雖是間合法旅行社，但規模很小，其實只是搭配遊覽車出租需求衍生的一個小事業，主力是國內旅遊，也會有客人打電話來訂車。當時還不是學校正式合作的產學合作，只是我個人為了生計的一種兼差。

當學校開始公布實習課程，並且在公布欄上張貼建教合作的單位後，我一方面必須累積自己的實習分數，一方面也的確想學大型旅行社的實務，就開始參與面試機會，也如願應徵上一家旅行社，可以每月一萬七仟元去實習，於是我就跟那家遊覽車集團提辭呈。

當天客服主管和我聊，知道我是為了要去旅行社實習才要離職，他很驚訝的說：「去旅行社實習何必捨近求遠？我們集團就有旅行社，你可以去那邊實習，並且領兩份工資，白天在旅行社工作，晚上還可以擔任夜間時段的客服，這樣子不是很好嗎？」

那位主管說動我了，因為對我來說，可以打工賺錢也是很大的誘因。於是我先和學校探詢，是否一定要去公布欄上公告的旅行社才有實習分數，可否去其他旅行社，只要合法立案

就好？得到的答案是肯定的。於是我就繼續留在那個遊覽車集團，只不過白天上班地點改到旅行社部門，晚上則仍去客服部門接電話。

這算是我旅行社的初始工作資歷，那時「全公司」只有五個人，亦即老闆（兼業務主管）、二個業務小姐、一個會計小姐還有我，負責的是所有打雜的工作，後來也兼任業務。

說實在的，那位年輕的旅行社負責人，他教給我的旅遊知識並不太多，但他卻願意放手讓我做，不給我太多限制，也不擔心我把事情搞砸。大部分時候，我只是處理文書工作，或是在接到客戶電話後轉接給業務。

後來電話接多了，我發現很多事我自己也可以搞定，所謂業務工作，接電話的本身就是業務第一關，通常我接到電話時，就已經在電話中進行行銷說服工作，等到我把客戶資料交給業務前，業務已省去了大半的溝通細節時間。

後來我實習結束後，旅行社老闆見我是可造之材，詢問我要不要繼續利用大四的空堂來公司上班？我馬上點頭答應，老闆後續要求我主動打陌生電話開發客戶，由於之前的經驗累積，講電話對我來說是易如反掌。

一開始，主管只要求我開發到有旅遊需求的企業，留下基

本資料交給業務做後續的處理就好。但我慢慢發現到，在和客戶的電話訪談之中，我越來越了解客戶需求，再轉交給業務的話，不是就事倍功半了嗎？

如果我就是業務，我能獨立完成一個案子，那有必要轉給業務處理嗎？因此，即使我只是大四的工讀生，即使老闆並沒有要求我必須如此，更沒有說要幫我加薪，但我卻開始挑戰業務工作。

於是我開始逐步摸索，有不懂的地方就虛心請教前輩，當有電話進來，我直接扮演業務角色，和對方洽商並表明自己就是窗口，畢竟透過電話，別人也不可能知道我只是一個在學的大學生。

有一天我和一家百人企業完成簽約，等老闆回來，我把客戶列出的需求跟他討論，老闆看出我有資質，也不反對我繼續服務客戶，就把一些實用的資訊告訴我，包括哪裡可以住宿、哪裡有餐廳、路線該怎麼走比較順？我就根據這些資訊，自己一個人打電話去訂房間、訂餐廳，也聯絡好導遊交辦細節，整個行程透過我的安排，最後順利的完成契約。

從頭到尾，對方完全不知道這整件案子的業務，只是一個工讀生。

　　現在回想起來，那時的確有種「初生之犢不畏虎」的傻勁，其實過程中很多環節，當時若沒銜接好，可能會有種種問題，畢竟我當年經驗不足，很多「眉眉角角」都不是非常懂，好在那只是較簡單的國內員工旅行，得以順利過關。

　　我雖沒得到實質上的金錢報酬，但透過客戶對我的感謝，進而建立工作上的成就感，也更堅信陌生開發能力是我將來若想發展自己事業必須學會的重要關鍵。

　　那時我不忘初衷，總是記得小時候就許下的自我承諾，有一天要環遊世界，而完成這個目標的捷徑就是開一間旅行社。

◎就看你「敢不敢」

　　說起我的旅行社實習經驗，我的狀況並非是大部分學生的狀況。一般學生進入大型的旅行社實習，大部分都是跟著某個小主管學習，做些整理文件打雜的工作，很少像我一般，已經可以實際從頭到尾真正承接專案。當然在那之前，我已經準備好了。

　　我給年輕人很重要的建議，還是從學生時代起就要把握機

會，透過打工學習。以打陌生開發電話這件事來說，就是許多人的拒絕項目，相信很多學生根本一開始就打定主意，不去做業務相關的工作。但這是很可惜的事，說實在的，學生比較年輕，臉皮厚一點，若做錯事也比較容易獲得原諒，趁這樣的機會，正好可以學習更多業務工作，學習如何與陌生人交談。若等到畢業入社會才開始學習，由於已經是全職工作，企業主對你的標準就相對嚴格許多。

我在剛考上高中、尚未開學報到的那個暑假，曾經去做過銷售業務，這也是我人生初次的「陌生業務開發」。當時是在賣筆，但不是那種強迫推銷的愛心筆，而是真正有實際功能、專利製造的筆。

當時依照任務分組，我所屬這一組人就跟著主任去西門町賣筆，那時有接受初步的訓練，包括講話的時候要盡量從什麼角度切入、要如何在最短時間內把筆優點說出去。直到現在，已經過了 19 年，當時為了介紹那枝筆所背誦下來的商品介紹臺詞，我都還可以倒背如流。

我記得我姊姊是個業務高手，她曾經在一個晚上 4 小時的時間內賣超過 20 枝筆。甚至她因為業務功力超強，獲准可以單飛一個人去做業務，其他人則還是打團體戰。

　　老實說，我和我姊姊都沒有經過正式的業務訓練，當時也都只是國、高中生，沒什麼社會歷練，能夠銷售出商品，憑的仍是一顆熱忱的心。簡單講，敢說敢做不要畏畏縮縮的，就可以有銷售成功的機會。

　　有時候成功與失敗的差別，真的就只是「敢不敢」。高中時，學校美術課推出「地景藝術節」活動，我們班當時做的是學校中庭結合環境設計，我們班上的主題是蝴蝶，我們把校園花圃妝點出很多蝴蝶的景象。

　　因為開幕式活動要安排一位同學背著蝴蝶翅膀出場，我當時就主動請纓扮演這個角色，一出場果然成為全場焦點，我扮演好那隻受眾人注目的「蝴蝶」。

　　日後不論是打工或者入社會工作，很多時候真的只是一念之差，當碰到新的挑戰，或者要對陌生團體簡報，你可以退縮把機會「讓給別人」，也可以一肩承擔，自己就把事情扛起來。點點滴滴都是學習，都是歷練。

　　30 歲就當旅行社董事長，中間過程都是如此一肩承擔走過來的。

🎁 人生的啟示：年輕人職場必備的三種工作力

以我的工作為例，包含了三大部分，一個是核心專業，一個是業務專業，一個是特殊專業。

我相信，雖然不同的行業有不同的屬性，但基本的能力區分，仍是包括這三塊。

核心專業，例如你是醫師，就要會看病；如果你是保險業務，就要很懂保險。

業務專業則是很多人都會忽視的，可能一個人技術很好，但卻不懂得推銷自己；或者在辦公室裡只會紙上作業，無法面對客戶。

特殊專業，我看過有的老闆除了本身事業外，也是個吉他高手；或者擁有特殊的收藏，能夠拿出一些東西讓客戶驚豔。

以 30 歲為分水嶺，我看到很多年過三十的人平步青雲，更多的則仍在尋尋覓覓，他們無法攀登高峰的原因，往往就是這三大能力出問題。

有的人連核心專業都做不好，甚至連核心專業都沒有，例如有人一年十二個月，他就換了十二個東家，這樣哪會有什麼專業？至於業務專業，更是大部分年輕人無法更上一層樓的門

檻所在。不加強業務力，許多人就只能在原地踏步。

　　至於特殊專業，可能看起來非必要，但實務上，當競爭者眾的時候，有時候擁有這些特殊專業，就可以給客戶留下獨特印象，往往這是最後勝出的關鍵。

　　以上三種能力絕非與生俱來，全都是要靠學習得來。但如何學習，絕非單靠學校教育，要靠自己去爭取。

　　爭取的方式，包括寒、暑假多去第一線接觸不同行業，有機會多認識不同領域的成功人士。總之，年輕人要趁青春時候，與其整天把時間耗在吃喝玩樂，若能花點時間在學習成長上，將來人生一定大不同。

第五個禮物

不經一番寒徹骨，哪得梅花撲鼻香

生活是不容易的，這是我想要給年輕人的體悟。

「不容易」有很多種，但最極端的兩種，我稱之為「前段不容易」與「後段不容易」。很少人可以那麼幸運，從頭到尾都一路順遂，大部分時候不是前段艱難，就是老來艱難。

前段不容易，就是年輕人初入職場，從零開始打拚，特別是 30 歲前，薪水少但可能要扛的事情又多。這段時間主要是累積資歷，若能熬得過去，通常日後不是當老闆，就是擔任高階主管，晚年生活比較有保障。

後段不容易，也就是所謂老來艱難。許多人年輕時強調要「隨遇而安」、「知足常樂」。但生活是現實的，物價漲，每天出門都要花錢，當老年退休才發現連基本的日子都很難過下去，那就懊悔莫及了。

奉勸年輕人不要怕苦，因為那是成長必經的過程。追求事業成功，不從苦中學辛勤播種，哪能期待將來有美好果實呢？

林曉芬的故事：從實習生進階業務高手

如果單看教科書，或者上旅行社的內部培訓，如何做旅行觀光業務，可能幾個小時就可以講完。然而實務上，如何做好這個行業，其精髓以及種種應變方式，可能 10 年都不一定學得好。就連我經營旅行社至今，我也必須承認，很多事我也是不斷的邊做邊學。

◎精算你的成本

最早時候參與旅行社，當時身為學生的我，只能做一些打雜及接電話這類的事，無法獨當一面。後來才逐步累積實力，可以做更多事。

當時我就發現，觀光事業的成敗除了業務力外，還有一件事很重要，那就是財務規畫能力。在不同的行業也是如此，例如我有朋友經營餐廳，明明看起來每日的客流量都還不錯，但月底結算卻是虧本。也有企業的業務去談生意，看起來談成很多案子，但回去和老闆報告後，卻看見老闆鐵青著臉。

　　原來，生意談得雖多，但每筆生意若都是虧本來做，反而做越多賠越多。

　　這也是我想告訴年輕人，年輕時有機會歷練工作時，要抓住的一個學習重點。

　　成本觀念對觀光旅遊業來說更是重要，各位想想，假定你去跟團旅行，你付的錢是否比自助旅行便宜？通常便宜很多，甚至差距兩、三倍。因為跟團旅行包含住宿、交通、三餐以及景點門票等等，同樣的項目若由旅客自助旅行，差距真的很大。為什麼會如此？這中間經過的是複雜的整合計算。

　　為何旅行社可以取得便宜的入住權？

　　為何可以取得便宜機票？

　　為何可以取得餐廳座位、景點門票？

　　如何在不降低品質前提下，取得最優惠價格？

　　以上每道流程都有成本上的學問，以及經營事業的智慧。

　　這些都需要精密的計算，參加過團體旅行的人都知道，我們付的團費再怎麼精算好像都太過便宜了，不知旅行社賺什麼？實務上也是如此，除了可以取得較低價格外，旅行社獲利的關鍵就是要精算。

　　如果中間少算一個環節，該趟的旅行團可能就是虧本經

營。而每個環節，數字可能就只有幾十元的差距，但真的要做到「斤斤計較」，這是旅行業的本質。

我大學暑假在旅行社實習，就培養了這方面的能力。以我當時協助遊覽車租車業務來看，如果有團體要包車旅行，那麼我要先計算汽車的租用金，由於旅行社和遊覽車是同一個集團，所以調車費用比較便宜，這也是我們和其他旅行社相比所獨有的優勢。

在這個優勢前提下，每個細節都要算到，司機開車一天的薪水換算成日薪是多少？（因為我同時也是遊覽車集團的客服，我也要學習遊覽車調派的成本）跑一天要加多少油？經過多少收費站？乃至於司機的便當錢等等都要算到。

就算是只有四個人的小型團也要精算好，出車一天多少錢？門票多少錢？計算好的總成本，最後當然要算進公司的利潤，也別忘了「自己」的工作成本，也就是工讀生時薪也須列入，這樣算出來的錢才是可以報給客戶的銷價。這中間過程如果漏算一個，公司就很容易不小心虧本，因為這行業本來就是薄利多銷。

因此在大學時候，我參與旅行社業務，除了要學習話術，如何讓消費者願意接受我們旅行社的服務外，還必須學會各種

成本的計算。

日後我的職場經驗，我發現年輕時候就很懂得「算」的人，變成老闆的機率也比較高（另一種方式是娶懂得「算」的老婆），這是我的實際經驗談，可提供大家參考。

◎要讓客戶信任你

大學實習時候，我自己一個人承接業務，後來也順利完成，客戶從頭到尾不知道我只是實習生。過程中他們為何沒感覺呢？那是因為我從頭到尾保持一定水準的自信，不讓對方有任何疑慮或擔憂。

試想，若客戶每問我一個問題，我都回答：「你等等，我問問再回覆。」若一次、兩次都這樣，就不會有第三次了，客戶根本就不想跟什麼都不懂的人做交易。所以我在電話中，一定很有自信的回答我確認的問題。

對於不確認的部分呢？首先，當然要做到自己「準備好了」再和客戶連絡，例如客戶第一次打電話來，我先具體問明對方需求後，自己製作簡單的規畫案，然後再去電聯絡，這時

候就已經把各個環節都考慮好，不懂的地方也已請教過老闆。

這時去電，基本上就不會「一問三不知」。但人非聖賢，終究還是可能有疏漏的地方，這時候就要靠經驗及話術來化解危機。

當客人問到我們不是那麼懂的事情時，我們要學習不把話說死，預留伏筆。例如客戶指定要訂某個飯店，我們其實尚未和那個飯店接洽過，此時可以電話裡說：「以我們的實際建議，某某觀光飯店其實很適合您，當然我們也會顧及您的需求，詳細有無空房或者優惠方式，也都盡力幫您爭取。」

在旅行業，往往爭取到一個客戶，代表的不光是單單一次的交易。以我自己創立的旅行社來說，和我買過行程的客戶，有很高的比例不但會再重複消費，還會引薦周遭的朋友，包括企業長期合作以及社團合作等。當初若沒把握住第一次的交易，那麼後續損失的可能代表好幾十次的交易。因此信任感的建立，第一次就要做好。

客人信任的基礎是你的自信以及講話的誠懇。你的基礎是什麼？當然就是你要真的懂很多，當你懂得越多，你就越有自信。但如何懂越多，總不能每件事都要親自嘗試吧？套一句蘋果創辦人賈伯斯講過的話：「求知若飢，虛心若愚。」（Stay hungry. Stay foolish.）答案就在你的嘴巴裡，每件事有不懂的地方就去找答案。

以我來說，我不會等到客戶發生問題才去問老闆，我平常就會自己在腦中模擬，如果這個團要去這個地方，必須經過哪些路徑，會有哪些食衣住行的問題。只要一個問題你覺得回答不出來，就要趕快去問懂的人。

學生時代的我，真的不恥下問，老闆也對我信任，看到我主動開口要承擔更多任務，他也不反對。畢竟，我雖然可以獨力完成業務，但我卻仍然領取一般的工讀費用，不像正式業務人員，談成一筆業務還可以有業務抽傭或業績獎金。但我不短視近利，不計較付出多少，得到的會比你預計的多。

有時候，常聽到學生工讀對時薪錙銖必較，當然，錢很重要，然而若已經發生爭議，那就代表著不愉快，勞資間的誠信也肯定沒有了。

比起計較錢，我覺得這種失去誠信的工作環境更是我所介意的。我自己在旅行社時，若一天到晚和老闆要求給我多一點錢，或者抱怨都沒給我獎金，強調自己的「功勞」等等，那肯定也難以待得長久。如此一來也就無法累積經驗，影響所及，可能我的創業之路會延後更久，甚或無法創業。

人生的事，往往就在過程中的每個環節。有了充足的信任，職涯路才能走得遠，也才有累積長遠的實力。

◎珍貴的業務實戰經驗

在遊覽車集團附屬旅行社實習時，我學到的是基本功，以及讓自己開始接觸實務。但我也知道，這個旅行社規模實在太小，所學的東西很有限。如果我想拓展更大的視野，必須接觸更多的旅行業務。

當時我尚未開始接觸 Outbound，但知道有些基本原理是共通的。大四那年，我先考取領隊執照，同時間那家小旅行社因為經營理念的問題，原本的負責人帶著他的團隊退出，曾經有超過一個月的交接時間，整間旅行社就我「一個人負責」。

畢竟遊覽車業務還在進行，不時也有團要包車旅行，相關的國旅業務就交給我處理，我一個大四學生就這樣經手全部的事，包含接洽客戶、安排行程、客服聯繫，乃至於還要擔任會計處理簡易的帳務問題。

一直到遊覽車集團終於找到新的團隊接手我才交接，在那

段過程中，我又學到了公司經營成本計算，包括那家遊覽車集團和旅行社團隊的合作模式，中間是如何的資本運作、利潤分配等等，這除了是一堂旅行社經營課，實際上也是一堂如何開公司當老闆的課。

大四即將畢業，當時我的目標設定是學習 Outbound 的業務，於是就離開那個遊覽車集團。由於我的資歷還不錯，我投遞履歷的兩家公司都想找我進去上班。其中一家是臺灣規模前三大的旅遊集團，一家仍是小旅行社。

我後來選擇後者，因為比較分析過後，以我當時的實力，我需要的不是薪水高，而是更多的學習機會，而小旅行社可以有較多的學習機會。

我會加入那家小旅行社的另一個原因，是過往承作旅行業務時，因緣際會認識裡頭的一位業務前輩。那家旅行社說小其實也不小。而那位前輩在這家旅行社有三進三出的紀錄，就是他曾經擔任業務菁英，但後來跳槽去其他公司，之後又回鍋，後來又跳槽，如是三次。

這樣的人，其實無法受到公司重用，他後來也的確沒有什麼更大的發展。但這位前輩也算是我學習旅行業務的貴人之一，他教給我很多事情，並且有很多是「非正規」的事。

　　所謂「正規」與「非正規」，差別就在於所謂的「眉眉角角」，甚至有些只能意會無法言傳的事，也就是正統教學不會教的事。例如同業間往來一些潛規則，和客戶發生糾紛時如何巧妙的處理。

　　老實說，很多事我只是聽聽，像那些和誠信有關，好比說訂錯房間要在客戶面前演戲之類的，我只當作故事。但除此之外，的確有很多實務經驗，若沒聽他分享，我是難以學到的。這對我這初入社會的小女孩來說，是很珍貴的經驗傳承。

　　從那家公司開始，我逐步累積不同的旅遊觀光知識。例如那家小旅行社主攻的是中南半島，銷售對象則是金字塔頂端的高消費族群。既然是高消費，旅遊的每個環節就必須比較有高要求，這方面是一種學問。

　　和之前我第一家服務的旅行社不同，之前的公司我必須主動打電話開發客戶，這家客人則是會主動來電，但公司採業績制，業務部同仁就是「先搶先贏」。這讓我感受到強大的競爭氣氛，辦公室同仁間也彼此都是敵人。

　　這對我這從小就歷經種種艱困的人來說，本就不是難事，我在那家公司待了兩年，也算是經歷殘酷的辦公室生存洗禮，見證了許多你爭我奪，你搶我的客戶、他踩我的線之類的。我

則始終以自己的專業追求好業績，不刻意去搶別人的線，但若因為服務態度好，客人指定找我，別人也沒話好說。

兩年後，原本帶我進去的貴人，業績居然還比我差，當時他可以教我的也都教完了，反倒變成我時常要幫忙他。

然而對年輕人來說，把一件事情做得好很重要，但更重要的一件事，是你的人生目標是什麼。假定要達成一件目標，需要十個步驟，那麼你將一個步驟做到最好後，接著就該朝下一個步驟前進，如果一味執著在同一個步驟，就是一種「不肯脫離舒適圈」的概念。

一個人的業績很好，但接下來呢？是要擔任業務主管，還是持續當個「資深」業務？

一項技能學到很好了，是否學習更進階、更複雜的技能，還是停留在原本的這項技能，變成該項目專家？

欣賞一處的美景，流連忘返，是要在這裡定居，還是轉往下一個場域？

以上的問題並沒有一定的對或錯，有的人喜歡古書，立志一輩子要當個小小的古書商，他不想當大老闆，也不想轉換跑道，由古書店到大型出版集團，只要立定志向，這也是一種選擇。有的人知足常樂，喜歡在小城鎮裡當個小商店老闆，也不

想讓企業規模變大，這都是一種選擇。但重點是你要清楚自己的目標，以及達到這目標所需要的種種步驟。

　　對當時二十幾歲的我來說，雖然在一家公司做到了業績頂尖，每個月收入也都達到六位數字，但這些對我來說都只是「過程」。為了達到我的目標，我開始計畫，朝下一步路邁進，所以我跳脫我的舒適圈了。

🎁 人生的啟示：致勝的關鍵就是學習

在我的人生故事裡，經常出現的兩個字，就是「**學習**」。

我確認，這兩個字是人們一生是否能得到幸福的關鍵。也許有人會說，每個人對幸福的定義標準不同，但無論是哪種形式的幸福，終歸需要能讓自己過好生活，也讓家人過好日子。這不一定要賺大錢，但一定要累積深厚的生活智慧。而不論賺大錢或累積生活智慧，都有賴於年輕時代的勤奮學習。

在不同的學習面向中，有一個貫穿所有領域的基本能力。它可以是一門學問，但這門學問應用多元，除了實戰磨練外，單靠書本難以學習完備。那就是業務溝通能力。

對我來說，我從小到大的種種打工經驗，培養的除了各種視野見識外，最重要的一項須持續精進的能力，就是業務溝通能力。這樣的能力，不只應用在我和客戶間的交流，也應用在我和老闆，甚至和同事間的溝通。

其他的學習，包括所從事職涯的專業領域業務學習、人際關係交流學習、心境上如何更有自信，能夠看事情看得更遠等等，都需要學習。這樣的學習，18 歲前就要開始，學習生存，也學習「**如何學習**」。

第六個禮物

比金錢更重要的是「用心」

生命有不同的境界，有少年、中年到老年。職涯也一定有不同的境界，從學徒、技師、師傅、大師到宗師。

在境界轉換的過程中，技術的提升是當然的，但所謂技術提升，到後來一定會轉變成「心境的提升」。以工匠來說，有句成語叫做「爐火純青」，那已經是技術的頂尖層次了，但就算如此，一定還有更高的層次可以超越，那時候，就是「心境」。

對旅行業來說，旅遊相關的「技術面」包含如何接洽訂房、安排交通、調整行程，認識國內外各景點的背景知識和最佳旅遊動線等等，這些都可以靠經驗累積，但「心境面」則靠自我體悟，需要「樂在工作」以及「將心比心」。

旅行業如此，各行各業皆如此。

林曉芬的故事：我的叢林奮鬥過程

如果我的目標是創業當老闆，試著假想這好比是一張冒險地圖，圖中央有個目標區就是「當老闆」，那麼從地圖的起點到目標區這中間的每個地點，你都必須闖蕩，你無法飛越地圖直達，這就是職涯人的使命，闖蕩過這些隔在目標區與起點間的障礙。

學習、學習再學習，奮鬥、奮鬥再奮鬥，直到達成目標。

◎在職場叢林闖出一片天

職場生存是殘酷的，有人說都會生活是現代叢林，一點也沒錯。我看過身邊的人因為沒辦法賺到足夠的收入，最後黯然退場；也看過有的人因為壓力太大，整天要吃胃藥，但這就是業務戰場上的現實。

我畢業後第一家正式服務的旅行社，如同大部分的企業般，採取業績導向，員工業績若沒達標，薪水要被扣。我從加入的那天起，沒有一個月被扣過薪，並且從第一年開始，我的

薪水加獎金大部分都超過十萬元。

在那家公司，第一年從事的是中南半島旅遊業務，做的是金字塔高端客戶。如同前述，業務團隊間彼此需要競爭，到了第二年，公司拓展了新的旅遊市場，開闢俄羅斯長程線，我也主動請調到該線服務。這時候，我不只是和業務同仁們競爭，而是開始要和眾家旅行業者競爭。

這個業務主要的經營模式不是 BtoC，而是 BtoB，也就是我們要跑的客戶對象是同業。這也是我第一次的嘗試，其作業模式不是坐在辦公室裡等電話，而要一家一家拜訪旅行的專業經理人談合作條件。

那些年我跑了三、四百家旅行社，一方面建立了充沛的人脈，一方面透過彼此交流，也更加了解旅行社生態。漸漸的，我腦海中有了完整的旅遊藍圖，我不再只是眼界狹窄，只顧看著眼前的旅遊商品該如何銷售，我看到全臺灣的旅遊市場以及眾多同業，或競爭、或合作的種種交流形式。

除了跑業務，我也經常自己擔任領隊，帶團去中南半島或俄羅斯。畢業前我就已取得領隊執照，領隊的賺錢模式和旅行社業務的賺錢模式完全不同，但又有互相重疊的部分。例如，兩者都要很熟習旅行基本成本控制，對於旅遊地點的知識也必

須很充足，兩者也都需要業務技巧。

　　但畢竟這兩者的性質還是不同，有時候朋友會問我：「曉芬，你的每月業績那麼好，如果跑去當領隊，不是太可惜了嗎？會少賺很多耶！」

　　這時候我總是跟他們說：「工作的成就不是一切以收入多寡作評量的。」

　　這句話也是我想跟年輕人分享的。特別是對於 30 歲以下的年輕人來說，每月收入多個一萬元、兩萬元，那很重要嗎？也許有人會說很重要，因為多個一、兩萬元就可以每天吃好一點，還可以給家人更好的生活，的確很重要。但如果我說，現在的你若多累積經驗，將來就能每月多賺十萬元，你要不要？

　　當然，這樣的比喻還是以金錢為主，但我想表達的是，有時候年輕人做一件事，可能 A 任務比 B 任務的收入少，但 A 任務可以累積和 B 任務完全不同的經驗，將來有升遷機會。若兩個職涯人相比，一個只懂 B 任務，一個卻是 A、B 兩個任務都懂，自然是後者容易獲得提升。這之間的差別除了金錢外，還有個人的人生歷練，以及因歷練所帶來的人生格局。

　　所以我會選擇有時候從事業務工作，有時候也帶團出去。就是要累積經驗，同時藉由實地參與領隊工作，也讓我對當地

更了解，回國後擔任業務人員就更有說服力。

另外，透過領隊工作，我也經常能因此結識到新的朋友，往往那些朋友後來又成為我的客戶。當然，這並不是我的刻意安排，但當我的服務到位了，我所帶的團員就會認同我，進而長期和我消費，這也是理所當然的事。

就這樣，我不只經歷職場叢林，甚至還主動爭取去歷練不同的叢林，才二十幾歲的我，當時已是身經百戰，成為資深業務戰士了。

◎追求更高的境界

在第一家旅行社服務滿兩年後，我自己評估必須離開了。因為我該學的專業都已學到，也感恩這家公司讓我學會Outbound 的作業流程，深入了解中南半島以及俄羅斯旅遊的做法。當時我的收入不錯，不但可以照養家人，欠姊姊們的錢也都還清，作為迎向更高境界的一次經歷，我心存感恩，並且我要積極的迎向更上一層樓。

我知道許多人選擇工作的方式，是找自己「熟悉」的，因

為這樣有安全感。但這是比較錯誤的思維，如果要找熟悉的，還不如待在原本的公司，還有機會可以步步高升，許多成功者也是這樣歷練來的，從年輕時就在同一家公司服務，到後來當上企業集團總裁。

如果要轉換跑道，原因只有一個，就是為了提升自己的境界。而要提升自己的境界，就一定要換到不一樣的工作場域。

當然，大前提還是要旅行業。如果連產業都換了，那就是連自己要從事什麼產業都不知道。對我來說，我立志要從事旅遊業，轉換跑道後，選擇了和之前作業模式完全不同的旅行社。這家旅行社的規模比第一家大很多，光總公司的員工人數，就比以前公司的全體員工人數還要多很多。

在這裡，我有機會學習到更多我從前沒有接觸過的領域。從前我專精的是中南半島和俄羅斯，現在我可以將視野放寬到全世界每個國家。

從前我只做有限市場的 Outbound 服務，現在我可以接觸到不同的作業模式，不論 Inbound、Outbound、票務以及各式各樣的同業合作，我都得學習。這就是我人生的另一階段成長，我在這家公司前前後後服務了六年，可以說也完整歷練了所有的旅行業環節。

　　其實學無止盡，我到今天仍持續在學習。但對於一個想要創業的人來說，我的「基本功」已經達到了。

　　在那六年工作中，還有一段插曲，對我日後創業有所幫助。在那家公司服務兩年後，我請了半年長假，去澳洲打工遊學。由於我的業績不錯，所以公司願意幫我保留職位，讓我半年後回公司繼續服務，連我的座位以及辦公用品都保持原狀，沒有更動。這除了是公司對我的信任外，主因也是我的能力受到認可。

　　為何在業績成績不錯的時候，我要選擇出國遊學呢？原因有幾個，一方面想調養身體，以我努力打拚的程度來說，工作壓力絕對是有的，我從學生時代到後來入社會服務，在每個工作崗位上，不只是盡忠職守，對工作達成率更是追求高標準。

　　這也讓我一天經常得工作十多個小時，時常回到家已經是深夜，那幾年因為作息不正常，有時候回家後為了補充體力還猛吃消夜，造成當時身體健康不佳，讓我想要休息一陣子。

　　第二個原因是當時我已經到了坐二望三的年紀，雖然還是年輕人，但我知道很多事只有 30 歲以下才可以做，例如澳洲遊學這件事，澳洲政府就有規定，要 30 歲以下才能去做「Working Holiday」，否則就只能去一般的觀光旅遊，因此我

決心要在滿 30 歲前去一趟「Working Holiday」。

我去澳洲遊學還有一個更大的理由，那就是我想「沉澱自己，思考未來」。

從學生時代到當時，我已經連續工作十多年了，就算在學生時代我也天天在打工，並且後來都是在旅遊業。我想，如果人生偶爾自己跳脫原來軌道，甚至偶爾讓自己放空，是否可以把自己看得更清楚，也更了解自己處在人生的哪個位置呢？

就這樣，當年我決定暫離職場，就去澳洲壯遊半年。

◎準備正式創業

的確，在澳洲的那段日子，讓我的腦子暫時休息，也清楚的思考很多人生藍圖，並且更加確信我將來一定要創業當老闆。半年時間說長不長，但若要歷練也可以歷練很多，最大的歷練不是技術面的，而是心境上。我要長期處在一個陌生的國度，生活中許多事都要自己想方設法，這中間有很多的艱辛。

但想想，這不正和創業很像嗎？創業之路也往往很孤單，你需要很多資源，但經常你要什麼沒什麼，這時候你要能堅持

住初衷，設法度過困境，籌措資源，把任務達成。

在澳洲，我還經歷過種種的冒險，也曾在夕陽西下看著一片蒼茫大地，感受到身為人類的渺小。或者在一群白人中，感覺到自己是個異類，有時候也會對自身存在感到無助。然而唯有經歷過極端的體驗，當反省自身，才能更看出自身的價值。

從澳洲回來後，我的朋友都明顯感受到我變得不一樣了。因為我的心中已經有更清楚的目標，我知道自己有所不足，但也知道自己已有心做好準備。

那年我回臺，公司立刻歡迎我歸隊，我也馬不停蹄投入各項工作任務，表現一樣出色，但當我做每件事的時候，已經有著另一種心境。

後來我又繼續服務三年多才離職，前前後後在那家公司做滿六年的我，不再轉換其他跑道了，這一次，我要自己創業當老闆。

若以實務技能來說，我其實可以更早就創業。但我在原來那家公司多服務兩、三年，主要累積的，是如何深入的「與人溝通」。

基本上，旅遊者心情是既興奮又有些害怕的，畢竟要去的是陌生的地方，人生地不熟的，就算是跟團，還是有些脫離日

常生活常軌的內心悸動。

我自己在澳洲有長達半年的時間是個旅人，同時也是當地的「陌生人」，更讓我可以體會到人與人間的距離，不只是身體上，你和他之間的位置差距，也不只是兩人交談時溝通理解上的距離，更重要的，也是必須要靠歷練才擁有的，是你要能了解人與人間「心理上」的距離。

我知道這中間很多的「眉眉角角」，不是看什麼人際關係的書或者參加很多社團累積人脈就可以建立的。主要還是要靠實際上的業務經驗，真正去面對一個又一個不同狀況的客戶才能做到，所以我才又繼續服務三年才離職。

就在我滿 30 歲那年，我確認了一切開公司的流程，也認真分析過旅遊市場還有哪些地方需要切入，並確認我本身累積的職場信譽，足以號召一定的基本客源。在資金、人員、辦公室、證照等都到位後，2014 年，我正式成立旅行社。

◎服務業要具備的服務精神

從旅行社開立初始的「創業維艱」，到如今雖不敢說是「生

意興隆」，但至少也已算「站穩腳步」。回首這些年的學習，的確，所有過往的經歷，都是為了讓如今創業當老闆的我，更能做好服務。

所有的服務絕對不是懂得畢恭畢敬、說話有禮就好的。

在第一家旅行社帶團去俄羅斯時，曾經有一次，團裡有個七十幾歲的長者在雪地上滑了一跤，我當時立刻衝過去扶他起來，他是個噸位很大的人，扶起他的過程我和他都跌跌撞撞的，之後送去醫院看，大致上無礙，但為了保險起見，還是住院觀察。我一面帶團，每天也早晚去關心他的狀況。

後來這位老先生回國後特地寄來一封信函，衷心感謝我當時的服務，還附了一筆錢給我。對我來說，重要的不是錢，而是他的那封信，他感受到了我服務的用心，我當時真的是把他當成「自己的家人」般關心，這也是我日後經營旅行社堅持的一貫原則。

以這樣的心境，我服務客戶絕不會斤斤計較錢的事。很多時候，我提了精美用心的企畫案，即使最後客戶選擇找其他家旅行社服務，我也不會有任何的不悅，因為，我每個企畫案都是真心為對方著想，不削價惡意競爭，也不是一味想要客戶掏錢消費我的旅遊行程。

　　如果他後來能在其他旅行社找到他滿意的服務，我也替他高興。我會期許自己，也許這回無法提供服務，但下一回他還是有機會回來找我，這是我的服務精神。

　　以前學生時代培養的觀察技巧，後來經過職場歷練，我也更能應用在如何做好客戶服務上。我念世新大學時參加了話劇社，老師告訴我們，要上臺演好一個角色，就要能真心揣摩那角色的心境。

　　所謂揣摩不能單靠想像，若沒有生活歷練，如何能揣摩到位？因此當時老師就曾要我們長時間專注觀察人群，然後用心去想每個行人的特徵，家庭主婦如何走路、上班族如何走路、他是否憂心忡忡、身上帶著什麼東西、他可能準備想去哪裡、他的職業是什麼⋯⋯等等。

　　現在的我面對客戶，也總是從「心」著手。要知道，對客戶來說，旅行社的人畢竟是陌生人，對陌生人一開始是不可能交心的。所以很多事要靠我們自己去揣摩，客戶並不會主動開口說。

　　他可能看看行程後，內心對某個點覺得不滿意，但他完全不會跟我們說，只會默默的看看，然後走開，從此不再過來。這時，因為過往累積的「看人」經歷，我就懂得適時提問：

「先生，你是不是擔心這個行程都是大自然景觀，無法參訪到古蹟？其實我們可以彈性調整行程。」

果然，這位先生是個教師，他喜歡看有歷史的東西，但他沒明說，我是依照自己經驗判斷出來的。

或者「小姐，你是不是覺得這家住宿飯店你沒聽過，不信任？」、「這位太太，你擔心小朋友喜不喜歡這個旅程對不對？」……

所有的問題都是來自於我肯「將心比心」為客戶著想，於是客戶臉上的疑慮消除了，於是客戶的心防敞開了，於是我們可以正式進入討論合約細節的時候。

這就是我的服務精神，創業這些年，我能夠快速累積客戶，包含老客戶以及客戶介紹客戶，都是基於對我的信任。

我衷心感激。

🎁 人生的啟示：攤開你的地圖，勇敢出發吧！

聽完我的故事，有人或許會問，旅行業是個特殊的行業，但我的工作歷程適用旅行業嗎？

當然，每個行業屬性不同，作業流程以及奮鬥流程也都不同。但如同前面講過的，每個職業都包含有核心專業、業務專業以及特殊專業，這三個專業，各行各業不同，但共通的是都需要累積，都需要學習。

所以說，人生成功之路可以是一張地圖。

首先，你要確認你要去的地方是哪裡，甚至你要確認你手中拿的是否是「正確的地圖」？如果連地圖上的目的地都不確認，那就是你還沒找到人生方向，這是比較嚴重的事，要去想清楚。

年輕人對此也不要著急，可以藉由充實人生歷練來找到方向，畢竟，的確有的人是年紀比較大才找到一生志趣的。

當地圖確認後，起點就是此時此刻的你，目標區就是你想要達到的成就，例如有人想要創業當老闆，有人想要業績1000 萬元，有人跟我一樣想要環遊世界……等等。

檢視從起點到目標區要經歷哪些，接著，不要偷懶，不要

怕苦，該經歷的就去經歷吧！

　　這就是人生。

　　年輕人，不要預設立場，認為自己不可能這樣、不可能那樣，勇敢拿起地圖，朝著你的目標邁進吧！

◆關於創業家◆

林曉芬

【個人經歷】

現任：

- 京稜旅行社有限公司總經理
- BPW 國際職業婦女協會副祕書

曾任：

- 桃園市旅行商業同業公會第十屆法規公關事故處理委員會公關組召集人

【媒體訪問】

- 《民眾日報》2016 年 12 月 21 日電子報專訪：
  http://www.mypeople.tw/index.php?r=site/
  article&id=1433083
- 《夢想起飛》雜誌創刊號封面人物及內頁專訪
- 美聲電臺（FM91.5）2018 年 4 月 1 日早上 10 點「桃
  花舞春風」節目專訪

【聯絡方式】

京稜旅行社

官方網站：http://www.cltravel.com.tw

FB 粉絲專頁：京稜旅遊

LINE@：京稜旅遊

年輕人境界篇

☆我要給年輕人最真摯的建議：

　　生命中的各種挑戰，

　　要有改變自己的決心，

　　和面對逆境的勇氣。

　　成功的力量一直都在自己身上，

　　我們想要的人生，

　　由我們自己創造！

──黃智遠

第一個禮物

找到挫折背後的禮物

40 歲在婚姻裡跌了兩次跤，人生才真正開始！

經常我會跟大家說，我的人生是 40 歲才開始的。

以 40 歲為分水嶺，在那之前，我的人生每件事都做得亂七八糟。婚姻、事業、理財、人際、健康，每個領域都混亂得一塌糊塗，經歷過兩段婚姻、負債、罹患憂鬱症。此外，還因為主動脈剝離瀕死，差點去和上帝喝咖啡。

若有「人生勝利組」這樣的名詞，40 歲前的我就是相對應的「人生失敗組」。當然，我現在也還沒完全轉到「人生勝利組」，事實上，我已經體悟到人生沒有所謂的真正勝利，只有永遠的自我精進，追求全方位的自我提升。

但我很高興的一件事，因為走過生命中如此的低谷，因此，當碰到別人遇到困境時，身為過來人的我，就可以用同理心和對方交流，也就更可以支持到有緣的人，這讓我日後在生活中用生命影響生命，播下許多善的種子。

黃智遠的故事：小時候的陰影一路牽絆人生

環境對人的影響很大，並且經常一環扣一環，形成一種循環，讓一個人好會更好、壞還會更壞。

常聽人家形容一個孩子很畏縮、內向、很沒自信，相信也有少部分的人像我一樣，內向畏縮到自卑，甚至已經將這件事變成「理所當然」。

我有很長一段人生，都把自己當成是天生註定的失敗者，我不敢想我要什麼，不敢想未來、更不敢想會有什麼成就，反正就是一天過一天，渾渾噩噩的過日子。

◎被陰影壟罩的自卑男孩

我的故事不免要從原生家庭講起。我成長的環境不好，父親好賭，他很少回家。如果哪一天看到父親竟然在家，那就表示他輸光了所有的錢，沒辦法去賭。

小時候，對父親的印象就是經常要陪著母親去找他，去工廠、去賭場，在菸臭味中卑微的索取家中生活費用。也曾發生

數次父親賭輸還不起賭債，賭場的人威脅母親，若不快點籌錢來還，就要把父親的手筋、腳筋剁掉。

後來我們甚至發現這樣的「劇本」是父親跟賭場的人串通的，這樣比較好跟我母親要錢。日後，偶爾在電視八點檔看到這類的情節時，身邊的人會說這劇情也演得太誇張了，我卻只有苦笑，家家有本難唸的經。

既然父親無法照顧家庭，幼年的我也無法念幼兒園，身子弱小，性情也因得不到好的教養，而個性過於自卑。因為義務教育的關係，我開始去念小學。然而，我的每個同學都曾念過兩、三年的幼兒園，建立基本的知識基礎，老師教學也都站在這樣的基礎上持續。

但別人上過幼兒園，我沒有啊！所以我根本聽不懂上課的內容，每回考試成績都是不及格。而我小一的老師因為受日本教育的關係，就是不斷打罵，想用打罵讓我改善，幾次老師都當著全班面前罵我：「這麼簡單都不會，你是笨蛋嗎？」對當時小小年紀的我來說，師長是最大的，老師都說我笨，我就相信自己真的是個笨蛋。

可想而知，一個自以為自己是笨蛋的人，做什麼都做不好，考試考不好，我不會想要力爭上游，因為笨蛋當然考試就

會考不好。那種情境，真的形塑成一種氛圍，養成我自卑的習慣。看看周遭，每個人都比我聰明，每個人家境都比我好，每個人都有溫暖的家，每個人都是正常人，唯有我不是，我一無是處！

成長路上，這些從小種在心裡的自卑種子，在我心中長成一顆難以消除、盤根錯節的大樹。直到四十歲我透過各種課程以及身心靈修煉自己前，內心總是籠罩在這棵大樹形塑的自卑陰影裡。

在這樣陰影裡長大的我，雖然表面上看起來很正常，從事的工作也都會和人群接觸，我除了稍微內向一點外，看似也沒什麼社會適應不良。但實際上，小時候的成長經驗帶給我很深的負面牽絆，讓我從事業到婚姻都無法做好。

我做過不少行業，也比同年齡的人賺錢要快，甚至在 25 歲就已經擁有兩間房子。但內心的陰影總讓我自卑，總讓我自己瞧不起自己，而這樣的我後來也真的如「吸引力法則」所說的：「心裡想要什麼，上天就給你什麼。」

我總是抱著負面的思緒，上天就帶給我負面的結果。四十歲前的我，事業總是不穩，就算有小成，也都沒能延續，我總是跌跌撞撞，總是渾渾噩噩，總是尋尋覓覓，卻又不知自己想

找什麼，找到後又該如何抓住。

　　就連婚姻，原本一段好好的姻緣，後來也因為個性問題，沒能好好守住，在傷心難過中，徒留遺憾。

◎那段珍貴的姻緣

　　和我的第一任妻子許老師幾年的婚姻，育有一女。許老師是個家境優渥、從小教養很好、優雅又有氣質的女子，相較來說，我當時還是個自卑的男孩。

　　如今想起當年和她相處的種種，常常會覺得對她虧欠很多，如果人生有機會重來，我會找到更好的相處模式來維繫我們的婚姻。

　　和她的認識，是我將滿 30 歲的時候，那時我仍沒有自己的事業，工作也不穩定，缺乏自信，但我知道，愛，讓一個羞怯的人變得勇敢。她是我國中同學的大學學妹，關係繞得有點遠，總之，就是在某次聚會中有緣認識她。

　　當下內心有如傳說中被愛神的箭射到一般，對她無法忘情。但學音樂的她既漂亮、家世背景又好，我不敢直接追求，

就採取迂迴的方式，以幫她介紹男朋友的方式，先讓自己變成她的朋友，然後再以朋友的立場可以和她互動，表達關心。

經過一個多月的「朋友關係」，後來我鼓起勇氣告訴她我喜歡她，不幸被當場拒絕了。但我並沒有因此放棄，我說沒關係，那我們繼續當朋友好了，仍然持續保持對她的關心。

終於機會來了，她後來去上海學習古箏，我則持續的用電話與簡訊對她表達關心，可能因為一個人在異地生活，覺得孤單需要陪伴，她看出我的真心，於是回臺後我們就在一起了。

許老師是個外表溫柔但意志堅定的人，雖然她的家人不是很認同我，但她仍堅持要嫁給我。至今我仍很感謝她為我付出的一切，我感恩她不計較我當時的經濟窘迫，不計較我個子矮小又缺乏自信，不計較我的家世和她差那麼多。

就算我過往投資失利賠了很多錢，她也總是包容我。有時候想起，當年我和她結婚時，連個像樣的婚禮都沒有，只能草草舉辦，我總不禁濕透眼眶。

婚後我們有個機緣，貸款開了一間音樂教室，夫妻齊心合作，她教音樂，我負責種種行政事務，彼此也很愉快。然而，生活就是一波又一波的壓力，那時音樂教室的營運雖然還不錯，但大部分的收入除了要支付貸款，扣掉給老師的薪水跟房

租，其實並沒多少盈餘。而孩子出生後，因為我倆都很喜歡小孩，可是偏偏我倆都被工作綁住，無法專心帶孩子。

當時因為岳父家中的食材公司需要人手，於是我就擔任起採買工作，每天凌晨三點就要起床工作，忙到下午接著趕去音樂教室，這一忙往往就要忙到晚上九點，天天如此，我也吃不消。種種因素，我們只好將音樂教室頂讓出去。

因為事業不穩定及經濟上的壓力，加上那時候的我經常把自己關在自卑的牢籠裡，常常心存負面，這樣的我也忽略了許老師當時有一點產後憂鬱的症狀。

日後回想，當我一方面在岳父家工作，覺得自己很沒出息，依賴老婆的娘家，一方面想從事其他事業或投資又都沒有成功，將心境都圍繞在自卑當中時，我忘了她當時既要持續音樂教室的教學，還有她在社團的教學工作，同時又在念研究所要寫論文，還要舉辦研究所的畢業音樂會，她的壓力其實比我還大，但我總視而不見。

一天天下來，我們因為溝通不良、我個性自卑、事業不穩等種種因素，隔閡越來越大，而我又不懂得溝通，於是兩人的心越來越遠。

所謂溝通，就是雙方要有交流，不論意見是否一致，至少

可以一來一往。但我的情況是，每當許老師生氣，我那害怕衝突的心就選擇封閉，演變到後來，她正滿腔怒火，但我卻是一聲不吭。

看似不理她，其實我是講不出話來，連一個字都說不出來。然而當事情發生需要溝通時，一方生氣，一方不回應，發展後續自然是生氣一方更加生氣，不回應的一方更加不敢發言。負面循環下，婚姻關係急轉直下。

終究，我的陰暗性格，持續影響著我的生命，也讓一段美好的姻緣就此結束。

◎走過死亡幽谷的重生

離婚後我的內心更加悲苦，有苦「說不出」，婚前我本就是個不擅表達、有什麼事都往內心放的人，我不愛找人談心，連和心愛的妻子溝通都出了問題，還有誰可以傾吐心聲？加上那一年諸事不順，所謂「屋漏偏逢連夜雨」，我婚姻出問題，也無心經營事業，就連想賣房子籌措資金都碰到惡意買家，還得寄存證信函，上調解委員會折騰一番才順利解決。

　　想像一個垃圾場，每天垃圾被裝進來，卻都不清理排出，終有一天垃圾場會爆滿。嚴重的話，整個的機能都會喪失，而我就是那個負面情緒垃圾場。

　　離婚後的我和許老師協議，兩人輪流照顧女兒，周間上班日她帶，假日兩天我照顧。有一天，我假日陪女兒去公園玩，到了晚上準備送她回前妻那邊，到了前妻家，女兒卻不肯下車，坐在位置上啜泣。

　　我就問她：「怎麼啦？跟爸比說！」於是女兒邊哭邊說：「我想跟爸比在一起，也想跟媽咪在一起！」

　　我已忘了當下是怎麼安撫她的，只記得當她下車離開後，我準備去宜蘭參加一個婚宴，路上邊開邊流淚，兩眼止不住的淚流，甚至痛哭失聲。從以前到現在，我承受了很多的壓力，但我總是壓抑著，我心裡難過，卻因為自己報喜不報憂的個性，也沒有去找人傾訴或求援。

　　我哭著哭著，越哭越大聲，孤單一個人行駛在前往宜蘭的路上，我哭到聲嘶力竭，後來索性將車子停在某個荒野的路邊，趴在方向盤上哭得不能自己。我的人生就像這樣的暗夜行路，孤單無助，未來只有黑暗。

　　那一次我整個人崩潰了，可以說，累積了數年的心中壓

力，在太短時間內整個釋放，我整個心就像我的身體般承受不
住了。

　　隔兩天，我在外吃飯的時候，突如其來的胸痛，甚至痛到
背部感到無比的劇痛，猶如被撕裂一般，不斷的冒著冷汗，連
鐵板燒師傅都問我要不要幫忙叫救護車，不願麻煩人的個性在
此又出現，我說不用，休息一下就好。

　　過了十分鐘，疼痛感依然沒有減輕，甚至加劇，我知道
大事不妙，於是趕緊攔了計程車，往桃園市區某區域型醫院急
診。像市場般擁擠的急診室擠滿各式各樣的病人以及家屬，像
我這種還可以自己搭計程車來的病人，在醫生眼中大概是屬於
不痛不癢的病人，所以我去了很久，依然沒有醫生跟護士來看
我，在我快昏厥之前，我跟一旁的病人家屬說，萬一我昏倒，
要幫我跟醫生說我的前胸很痛，痛到背後像被撕裂一般。

　　後來旁邊的人看我痛到整個身軀扭成一團，臉色蒼白、
冷汗直流，才趕緊去幫我請醫生過來。而因為急診室繁忙的因
素，醫生只給我打了肌肉鬆弛劑，然後給了我一個塑膠袋，叫
我拿著吸，此時我弟弟跟好友也趕了過來，醫生還跟他們說這
是呼吸急迫症，不會死人，休息一下就好。當時我已經失去意
識，這些過程我已經都沒有印象了，是事後聽弟弟以及好友轉

述給我聽才知道的。

在我失去意識的過程中，我只記得當我覺得快死掉的時候，我心裡呼喊了觀世音菩薩，我跟菩薩說：「觀世音菩薩，我快要死掉了，你快點來救我！」

後來我果真看到觀世音菩薩來救我，她拿著柳枝在我心臟的地方點了一下，原本痛不欲身的我馬上不痛了！然後看著菩薩乘著白雲慢慢遠去，緊接著，原本非常冷的我感到相當的溫暖，還有整個白光跟許多的小光球籠罩著我，當小光球不斷在四周跟上方圍繞著我時，我隱隱約約看到一個人像的光影，但我不知是什麼，只感到非常的溫暖跟舒服，就像躺在棉花裡一般，然後我就沉沉的睡去。

直到隔天，我趕緊跟弟弟說，我的情況絕不是醫生說的那樣，請他趕緊送我去林口長庚醫院。到了長庚急診室，雖然也是人滿為患，但醫生聽了我的形容，當下跟我們說他懷疑是主動脈剝離，經過一系列的檢查，我進了加護病房，醫生甚至發了病危通知，當時真是嚇死弟弟了。

也就是在這樣的生死瞬間，我體察人生不能不做轉變了。否則，我的陰暗性格不只將帶給我一生鬱鬱寡歡，也將毀了我的人生以及周遭的人。同時，我也思考著，上天留我下來，沒

讓我去跟上帝喝咖啡的用意是什麼？

　　就這樣，我開始往身心靈方面學習，也去參與成長課程，並在裡面當助教、教練。雖然那年我已經 37 歲，雖然我的原生家庭沒有其它人幸福、美滿，雖然我事業、婚姻、健康都一團亂。但我告訴自己，老天留我下來，一定是有祂的用意！

　　後來我發現，每個挫折背後，都有上天要給你的禮物。我可以怨天尤人，可以有許多的抱怨，但我選擇正向解讀去找到挫折背後的禮物。

　　因為我的原生家庭，所以讓我更加獨立；因為我失敗的婚姻，所以讓我走入身心靈的領域修煉，進而用生命影響更多的人；因為種種的不順遂，讓我現在更珍惜所有。

🎁 人生的啟示：
每個挫折背後，都有相等的禮物等著我們去挖掘

而今，我人生已經完全不同了。我的事業蒸蒸日上，我積極參與社團活動，我籌備結合公益與教育的長久事業，我也到處演講，用自身案例鼓舞許多人。

過去跟現在我改變的是什麼？是我的心態。

每個人的心都是一個容器，你把自己設限成什麼樣的形狀，那麼你做的事就是只能變成那個形狀。

每個人的容器都可以調整的，事實上，每個人從小到大的成長歷程，就是設法讓自己的容器變得更寬廣，這個容器可以裝納更多，並且生產出對社會更有助益的內容。但我從小就用框框把自己的容器綁死了，我將容器裝在一個名叫「自卑」的黑箱子裡，我讓我的容器失去了調整的機會。

剛開始，的確是外在的力量，讓我將自己關在黑箱子裡，但後來即使沒有外在力量，我還是讓自己縮在箱中不敢出來，直到三十多歲都還是如此。

親愛的朋友，想想我們每個人是否處在不同的箱子？

你是否處在一個自我設限的箱子。從小到大就認為自己

「不行」。

你是否處在一個偏激的箱子，有的人認為要無所不用其極才能生存，有的人認為要機關算盡才能在商場上生存。這些都是一個個限制的箱子，綁住一個人的發展。

你是否曾經遭逢不同的困局甚或人生災難，讓你躲在箱子裡？這件事不分年齡，有的人碰到失戀，受不了打擊把自己封閉；有的人經歷過生意慘賠，把自己關在一生自哀自憐的箱子。這些箱子限制了容器的發展，負面的容器只會產生負面的結果。

我想告訴朋友們，試著檢視自己生命中的容器，檢視是否自己被封閉在負面的箱子裡。這些箱子別人無法幫你開啟，唯有自己願意打開心門，願意走出來，才能看見整片天空，才能逆轉你的人生。

請試著去找到每個挫折背後上天要給你的禮物。

第二個禮物

人生就是不斷的蛻變、成長

要經歷「破繭」才能成為美麗的蝴蝶。

有個小男孩無意間發現掛在樹枝上的一個繭,正開了一條小小的縫隙,有隻蝴蝶即將破繭而出。這個小男孩從未見過這景象,因此靜靜的坐在繭前,想看看蝴蝶破繭而出的過程。

幾個鐘頭過去,蝴蝶似乎無法從那小小的縫隙裡掙脫出來,牠好像已達到極限,不再繼續掙扎了。他心想可能是洞太小,使得蝴蝶掙脫不易,於是拿了一把剪刀把繭剪開,果然,蝴蝶很容易的爬了出來。

但奇怪的是,這隻蝴蝶卻有個微弱的身軀,並且翅膀又小又萎縮。事實上,這隻蝴蝶終其一生只能拖著牠那微弱的身軀和萎縮的翅膀,到處爬行並且無法飛起來了。

他不明白蝴蝶一定要從束縛的繭中鑽出來,才能成為一隻美麗的蝴蝶。當蝴蝶掙扎時,體內的液體因為用力,從身體各處流向翅膀,加強牠的力量,好準備破繭而出時展翅飛翔。

黃智遠的故事：從憂鬱症到決定改變人生

37 歲那年，我因為主動脈剝離，差點去跟上帝喝咖啡。
這件事自然帶給我很大的影響。

第一、我差點再也看不到心愛的家人朋友，這讓我知道
生命必須珍惜，不能再渾渾噩噩過日子；第二、我必須有所改
變，如果我的心再不開放，肯定會再次發生內心崩潰的情況。
當然，我的心臟肯定無法承受那樣的崩潰。

然而，到那年為止，我已經把自己封閉在「自卑」的箱子
裡三十幾年了，把自己封閉在「我什麼事也做不好」這樣的自
我設限裡。

主動脈剝離是件重大的衝擊，但我的人生並沒有因此就一
夕覺醒，不過改變已經開始，在我面前仍然有著許多考驗。

◎再一次婚姻

我是從結束第一段婚姻之後，才開始比較積極去學習的。
而我最需要學習的，就是有關心靈的世界，有關情緒、有關

感情、有關生命覺察的種種。我還是那個不擅交流的男子，但我開始主動去當個學生，至少我能夠坐在臺下，好好聽老師講課。在那當下，我不再需要把自己設定成笨蛋了，那裡沒有考試，也沒有誰瞧不起誰。

我和許老師離婚時，已經跟岳父、岳母協議，讓我承接那家食材公司。但那時候的我每天依然得過且過，公司的經營也是入不敷出。有二、三年的時間，都過著三天兩頭跑三點半的日子，整體情況頂多就是維持住，對於未來仍看不到方向。

當時我開始陸續上各種身心靈課程，試著用不同的角度思考人生，但都沒什麼明顯效果，因為我仍抱著舊思維不肯改變。後來我重回三階段成長課程裡，這回扮演小組長與教練的角色，焦點在外而不是放在自己身上，反倒讓我成長許多。

也就是在那個階段，我認識了我的第二任妻子周小姐。

婚姻是個複雜的課題，婚姻生活和朋友在一起是兩種不同的概念，我當時覺得和她非常投緣，兩人共同聊著許多生活上的話題，竟然意外的契合，因為對方也曾經有過一段婚姻，兩人惺惺相惜，於是我們很快的就結婚了。

現在想想，當時的我本性仍沒有改，仍然自卑，仍然有著自我設限。而與我相遇的她，也有她自己的生命課題，當兩個

都有待改變的人相遇，最好的情況是產生互補，彼此激勵對方朝更好的方向發展。

但凡事不能靠「運氣」，實際上，我們的情況是兩個原本有不同缺點的人相聚在一起，而那些缺點在婚後隨著柴米油鹽的實際生活，以及原本性格上的缺陷變得更加凸顯，乃至於帶來生命中的另一場悲劇。

時過境遷，回首往事，我相信這只是上天給我的另一場功課，這是繼第一次婚姻溝通失敗，離婚收場後，另外一次不同的失敗體驗。

當然過程中仍有很多美好，我也衷心感謝，她是我生命中另一個改變我人生的貴人，我深信，如果沒有這兩段婚姻慘痛的過程，就無法讓我真正覺悟，最後蛻變成現在的我。

◎觀念牴觸與溝通摧殘

兩個成熟的大人，一旦確認要結婚，就少了那些曖昧的推敲猜想，我和她都曾有過一次婚姻，覺得彼此很聊得來，當我主動問她是否乾脆在一起，於是我們就在一起了。

　　一個半月後，她去上海出差時，跟我說她回來就去登記結婚，而當時我也沒多想就去登記了，事後想起還真是草率！

　　必須說，她是個很優秀也很努力的人，從小在天龍國長大的她，成長環境一路以來都是菁英。從學生時代的北一女、政大企管，到出社會在企業界任職主管。

　　直至我們婚後，她更是持續平步青雲，被外商公司挖腳擔任高階主管，每日面對的都是社會菁英，眼界越來越寬廣。但人沒有十全十美，她的優點所在，也是她的弱項所在。

　　我從小都處在自卑、被瞧不起的情境，所以養成我的負面與自卑心態。而她剛好相反，從小就成長在天龍國的激烈競爭當中，比較不擅同理與包容。

　　事實上，我和她都有溝通問題，但問題的本質不同，我是太封閉自卑，她是太自信驕傲。

　　她絕對是有心自我成長的，否則我和她也不會在身心靈的課堂上相遇。但只能說我們兩個都還在「學習」中，我的毛病尚未改，她的本性也仍是那個比較驕傲的她。終於，在日常生活相處中，我們在許多層面都出了問題。

　　當一個不習慣溝通內心的人，碰上一個不習慣包容體諒的人，當一個人非常弱勢，另一個人又相對非常強勢，於是生活

中就是一場又一場的風暴。這個風暴很難激盪出愛的火花，因
為一方總是感到被摧殘、不被支持，一方又總是習慣性的攻擊
而非同理與包容。

　　任何事情，不問誰對誰錯，事後想想，她的本心沒錯，她
只是因為本身的能力強，以恨鐵不成鋼的心境，希望另一半也
很強，所以有時候就口無遮攔，說了許多容易傷人自尊心的字
眼。正如同我的本心也沒錯，我只希望凡事以和為貴，為了家
庭的和諧，我選擇隱忍，畢竟這是我倆的第二段婚姻。

　　孰知觀念不同，對同一件事的定義就不同。我的隱忍，被
視為是懦弱不求上進，是沒有用的男人，在她眼中是扶不上牆
的爛泥。她的求好心切表現在言語上，則是對我嚴重的抨擊。
最後，這段婚姻不但比第一段還短，對我造成的打擊也比第一
次來得更大。

　　事過境遷，現在的我非常感謝上天讓我遇見她，跟她的婚
姻當中，我看見了跟以往不同的人事物，也讓我的眼界、格局
提升了。

　　這段過程對於後來的我，在事業上以及處理許多事情上的
態度，絕對是有幫助的，若不是經歷過與她的這段婚姻過程，
不會有現在許多人口中優秀的我。

◎從憂鬱低谷裡走出來

曾經我因為過度壓抑自己，多年來形成「內傷」，後來導致我心臟主動脈剝離。我試著突破自己，做了一些改善，但顯然我還有很多需要加強的地方。

第二次婚姻，再一次帶給我又深又重的打擊，這次傷得更重，更徹底擊垮我的信心。

有些衝突是直接傷及內心尊嚴，甚至傷及存在的本質。特別是我已經經歷過一次婚姻失敗，甚至我的心臟有狀況不能受到刺激，但對方卻仍不顧及此，選擇用言語及其它方式與我相處，這真的讓我感到非常受傷。

當時我整個人更是跌入谷底。

以前的我會選擇退縮，但那時的我則是絕望，當結束第二段婚姻後，我得了嚴重的憂鬱症。白天我還是正常的去工作，但我心裡清楚，自己只是個行屍走肉，並且害怕見到人群，出門在外，只要眼光跟別人對上，我就會開始幻想許多別人對我的評論。

例如：幻想別人內心的 OS，那個人一定有什麼問題，不然怎麼會離婚兩次；那個男人就是像他老婆說的沒有用，爛泥

扶不上牆，難怪人家要跟他離婚……等等。

晚上回家關起房門，就開始陷入了無底洞般的深淵，不斷的流淚，不斷的埋怨上天為何要如此對待我，種種負面情緒如海浪般衝擊而來，而我無力招架，常常半夜開著車在路上閒晃，在車上痛哭失聲，有時會開車到海邊，對著大海怒吼，甚至想輕生。

幸好那時有兩件事拉住低潮並且想結束生命的我。

第一件事，是我那段時間仍持續上身心靈課程，仍逐步吸收如何改變自身的學習。我想，若沒有這樣的底子，我可能陷入更深的心靈泥沼，甚至自我了結。

第二件事，就是上天有好生之德。幾度我覺得萬念俱灰，不知道人生活著還有什麼意義，決定結束自己生命的時刻，總是會讓天使來拉住我。而我也深知，只有我能夠救我自己。

由於這些都是我的親身經歷，往後當我開始參與公益服務，開始協助人做諮詢時，我往往比其他人更可以觸摸到人們的內心。

當別人只是制式的安慰對方，我卻可以「感同身受」的與對方交流。因為曾經走過生命低谷的我，真正了解對方的「痛」，而不是說著一些無關痛癢的話。

　　而我想這也是上天給我的修煉，讓我可以透過自己的生命歷程，深入了解什麼叫痛苦，浴火重生後的我，有實際體驗的過程，可以去支持需要協助的人，而我沒有什麼大道理或者華麗的詞彙，所有的一切都是我親身經歷，並且面對自己、突破自己，最終破繭而出。

🎁 人生的啟示：這是個人生教室

很多事不是你表面上看到的樣子。

最單純的人，會以為甲打乙，所以甲是壞人。但實際上，若不知道他們背後的曲曲折折，這樣的論斷是很不客觀的。猶如我的原生家庭、我的婚姻，看似不圓滿，卻造就了現在凡事正向樂觀的我。

我們人生也是如此，很多事不是表面的樣子，包括工作、婚姻、家庭、人際關係及各種社會中人與人間互動的領域。有句話說明了生命的三種境界：「見山是山，見山不是山，見山又是山。」

我的過往種種遭遇，都是上天給我的鍛鍊。親愛的朋友，人生就是一間大教室，請不要讓自己侷限在舊有的思維中，唯有透過持續學習，才能看得更高、更遠。

也因為走過人生低谷，現在碰到任何事，當我想退縮的時候，我都告訴自己，死都不怕了還怕什麼？

於是任何事我都正面面對，在各個團體中，我都是那個主動承擔、主動付出的人，也因此，我做了一件又一件的事情，我慢慢突破自己的限制，我的能力也一點一滴的培養起來，才

有了現在的我。

「一個人必須足夠成熟才會認識到，人生是不公平的。不管你的境遇如何，你只能全力以赴。」——史帝芬 · 霍金

第三個禮物

成為自己的人生教練

許多時候，我們看電視、電影，有很多勵志的情節：

某某人浪子回頭，一夕間受到恩人感動痛改前非，立志行善；某某人一路上做什麼事都失敗，後來忽然開悟，然後在跌破眾人眼鏡的情況下得到冠軍，賺人熱淚。

然而我必須說，電視是電視，人生是人生。

很多八點檔誇張的情節，可以讓晚餐時間紓解壓力，但面對真實的人生，大部分時候我們無法靠一個念頭、一個貴人、一本書、一句話就改變人生。

過去我是個非常懶散的人，做許多事總有許多理由和藉口，當我決定改變之後，當我又意識到自己想偷懶，我就告訴自己：「起來！去做事！不會死人的，死都不怕了還怕什麼！」

就這樣一點一點的逼著自己改變，當時間一拉長，你就會看見自己的轉變，而現在的我很為自己驕傲，因為我看見我翻轉了自己的生命。

　　我可以，你一定也可以！

　　愛因斯坦曾說：「這個世界就是我們所想的那樣，一切都不會改變，直到你改變你的想法為止。」

黃智遠的故事：我如何讓我人生充滿陽光

　　許多朋友會問我，當時怎麼從憂鬱症中走出來的，我說有一天我突然清醒，我對自己說：「我要改變！」當然，改變的契機是可以發生的，但改變的本身一定包含很多環節，要有行動，要有資源，要能持續，要能步步踏實，往改變的方向走。

　　若要我比喻，我覺得就像燒開水，當到了沸騰的時候，壺嘴冒出蒸氣，並發出「嗚！嗚！」的聲音，但你會說，開水是在那「瞬間」燒開的嗎？是可以這麼說，因為的確是那一瞬間到達一百度的，但一百度是瞬間發生的嗎？當然不是，是水逐漸加熱、逐漸沸騰的。

　　實際上，從憂鬱症到正面積極，並不是「一夕間」的事，那是八點檔才有的情節，我的轉變是漸進的，但有很多正面因素促使這件事發生。

　　我清楚記得我「水燒開」的感覺，那是我憂鬱症半年後的某一天，我的腦海突然間就敞開了一扇門，自此後我的人生變得更積極，身邊的人也都覺得我變得不一樣了。

　　所以我說我的人生以 40 歲為分水嶺，但可以說我是那一天突然「頓悟」嗎？我不覺得如此。一切都是在累積能量後，

某一天達到了 100 度，我就「想通」了。

而我突然的清醒並非一夕之間開竅的，而是這段時間，雖然我受憂鬱症的困擾，同時我不放棄自己，為了救自己而做了許多的努力。

如果說我 40 歲前的人生是站在幽谷裡，很少曬到陽光，這樣的形容應該是貼切的。後來我是做了許多的改變，才讓我的天空有了陽光。

這些改變不是一朝一夕，但只要肯踏出第一步，後面就持續有好的發展。

首先，就從我面對最害怕的事開始。

◎挑戰自己不擅長的事

從前的我最害怕什麼？我最害怕面對別人，因為那時的我很自卑。

當面對超過五個人時，我的內在小孩就會縮到角落，甚至當面對前妻比較憤怒的情緒時，也會把自己縮到封閉的殼裡。這樣的人，最要突破的就是「面對人群」。

　　在我決定改變自己後，我做了一件事，這讓所有以前認識我的朋友全都跌破了眼鏡，我竟然主動去參與健言社。

　　顧名思義，健言社是個鼓勵講話的社團，想參加的人可不是當個旁觀者就好，毫無例外的，每個加入的會員都一定得上臺講話。

　　可想而知，這對自卑的我來說是一項多大的挑戰。我和一般新社員一樣，從三分鐘演講開始練習。三分鐘長不長？其實看你面對的是什麼情境？一個女孩和她的姊妹淘隨時話題都可以講超過三個小時而不中斷，但要她有主題性的對臺下陌生人發表三分鐘言論，她卻不一定能做得到。

　　我記得我在健言社，不只是第一次的上臺，包括後來不知道第五次、第十次的上臺都仍是這樣，我有好一陣子都是在度日如年的心境中，明明前一天已經練習了一、兩個小時，但每當上臺時，腦子還是一片空白，也不知自己在講些什麼，講到後來越講越快，只希望時間趕快結束。雖然是秋涼時節，我卻緊張到一身是汗。

　　但那三分鐘對我來說卻很寶貴，因為臺下沒有任何人嘲笑我，沒有任何人忽視我。他們認真的聽著我講著三分鐘的話，也許其中的觀點敘述得零零落落，但就算零零落落，他們也覺

得我表達了些什麼，並且不吝用掌聲感恩我傳達的訊息。

有時候我忍住眼淚，不想要一個四十多歲的人還在這種場合太過柔弱。但當我一次又一次的完成三分鐘任務，有一天，三分鐘對我不再是難事，有些事觀念通了，一切就通了，就好像我們學會開車，不是一公里會開，接著兩公里、五公里，而是一旦會開了，那麼就等同開幾千公里、幾萬公里都沒問題。演講也是這樣的概念。

當我突破了自己，突破了三分鐘的不知所云，我終於變成一個可以正常上臺侃侃而談的人。

並且我知道我的侃侃而談非常的有意義，因為：

我是年過四十才敢上臺的人；

我是曾經自卑到連自己都不敢面對的人；

我是曾經得過憂鬱症，連生命都想放棄的人。

如果這樣的我都可以上臺講話，傳達的正面信念就非常的強大。

◎深深體悟的淚水

我原先沒有特別要打造什麼演講事業,最初我的用心只是想要突破自己。但所謂改變就是這樣,當我們願意踏出一小步,就等於走出人生的一大步。

我的人生徹底翻轉了。

當黃智遠變成一個「突破的典範」,那麼我這個人就有很多的「社會新價值」,最明顯的是,很多單位希望以我為範例,鼓勵他們原本士氣低落的員工,或鼓勵原本對自己沒信心的學生,懂得自我嘗試,懂得改變與突破。於是我不只是在社團裡上臺講話,我開始正式受邀去不同場合做分享。

我總是跟人家說:「**如果連我都可以,你一定也可以。**」

大約一年的時間,我從那個總是躲在陰暗角落的矮小男子,變成了許多人信任的心靈巨人。這樣的事,我幾十年來作夢都不敢夢,我根本不相信自己有一天變成可以「講話給別人聽」,甚至是「別人渴望聽我講話」的人。

剛開始我受邀去企業、去社團等場合做勵志分享,還有朋友透過社群、透過通信乃至於透過面對面得到我的支持。後來有越來越多的學員或新朋友,找我透過催眠或付費諮詢,鳌

清一些他們正在面對的人生課題，抑或透過皮指紋天賦特質分析、DISC 行為風格來了解自己，並找到自己未來的方向，最終才啟動我的文教事業。

初始我的分享主題是：「預見心自己，遇見新自己。」因為這正是我的人生寫照，我是從「心」出發，最終才能擁有全新的自己。

隨著自己不斷的學習，最後取得了臼井靈氣、NLP 神經語言程式學、催眠、皮指紋、心智圖、DISC 等課程的國際證照，以及接受講師訓練，我正式成為一個專業領域的導師。隨後加入了中華華人講師聯盟，創辦多元學習的社團，並且啟動職業性的收費講師職涯。

每當有新朋友被我的話語所影響，建立了正念，我就更加相信，我過往三、四十年的辛苦沒有白費。我更加相信，上天讓我受到的苦楚，只為了讓我日後對人們更加有同理心，更加能夠支持更多人。經常上完課後，我一個人坐在車子裡，靜靜的想著這一天，眼角流下了淚，那是感動的淚水，那是深深體悟的淚水。

◎心中想要什麼，宇宙就給他什麼

自己這幾年能夠快速的成長，有幾個要點要跟大家分享：

1. 探索自己；
2. 改變自己；
3. 勇於行動。

在此我要強調的一件事，就是在探索自己後，要勇於改變自己。像我去學習口語訓練，除了因為我要突破自己外，事實上，這對每個人都是需要的。這牽涉到吸引力法則，當一個人敢上臺講話了，變得更有自信，也更能樂觀看待人生時，就如同吸引力法則所說的，心中想要什麼，宇宙就給他什麼。

我常舉例，有很多女孩講說絕不要嫁給獨子，最後卻偏偏嫁給獨子。為什麼？因為我們的大腦會忽略「不要」、「非」、「否」這些副詞，只留意到關鍵詞，例如「不要嫁給獨子」，腦中留下的印象就是「嫁給獨子」，或者我從前自認為我是笨蛋，大腦也就記住「笨蛋」。因此信念很重要。

在日常生活中也常發生類似的事，有一回我白天去跑客戶，順便去郵筒寄件，忙碌的我，手中拿著客戶剛付給我的錢，

另一包是待寄的信，裝在兩個同樣的信封裡。

我當時心中不斷唸著：「不要寄錯、不要寄錯……」但讀者可以猜到，我後來到郵筒前還真的一閃神，就把那包錢丟進郵筒去了，真是越害怕越錯，後來還得請郵局人員前來開鎖幫忙拿出來。

我因為演講而建立了自信，整個人也變得積極樂觀起來，曾經好幾年時間，我的食材事業只維持在不上不下，甚至入不敷出的窘境，當時的我經常處在悲傷的心境，也無暇推廣業務。但後來的我卻變得很努力拓展新客源。在我開始積極學習及提升自己以前，兩年期間我總共只拜訪了 10 個新客戶，但在我改變自己後，竟然在三個月內就拜訪了 110 家新客戶。

我積極參與社團，並用心幫助他人，在社團裡只問付出不求回報。事實上，我參加很多社團，但大部分的社團和我的食材事業無關，就算其中一個幼教協會跟我的食材事業有關（因為我的食材主要賣給幼兒園），但我也沒有在協會裡積極推展業務，許多人根本不知道我的本業是做幼兒園食材。

然而，因為大家看見我做任何事情都很認真，而且可以將事情做得很好，現在我的朋友介紹朋友給我，就說：「這是智遠，你可以信任的朋友！」我的客戶介紹客戶給我，就說：「這

是智遠，事情交給他就對了！」生意就這樣直接建立起來了。

　　我才知道，原來品牌的力量那麼大。而品牌不是靠自我吹噓來的，品牌是靠自己建立自信，自己建立價值，自己願意付出，自己掙得肯定的。

　　想起來很有意思，以前我太在意別人對我的看法，所以外在的刺激讓我自卑。現在我服務人群，不預設立場，只問付出不問收穫，反而卻得到好的結果。

　　所謂「種瓜得瓜、種豆得豆」的道理，所謂「廣結善緣」的道理，我現在終於體悟了。

🎁 人生的啟示：那擲出的，終將回歸自身

　　澳大利亞原住民有一種很厲害的武器，叫做迴力鏢，那真是很有趣的東西，一個武器射出後，最終還是回到自己手上。

　　很多人做事純粹目標導向，純粹利益導向，少了利他精神，少了公益精神，最終我們丟出了什麼，就會回饋什麼。許多人因利而聚，最終也會因利而散。

　　但若是以利他導向，那就不同了。生意是一時的，朋友卻是一世的。不只做人做事如此，人生成長之路也是如此。你年輕時付出了時間學習，將來回饋給你的就是更豐富的社會經歷。你年輕時虛度光陰，將來回饋你的自然是空虛的人生。

　　我總會跟年輕人說，不要說自己什麼都沒有，沒東西可以付出。事實上，年輕人最可以付出的，也是成人們不會再有的，那就是青春歲月。趁年輕多磨練，不要計較得失，學到的都是自己的，在未來的某一天一定會用上，人生沒有用不到的經驗。

　　年輕最大的本錢是什麼？就是「年輕」這件事。你有更多本錢去試，你可以不要在乎金錢，而將過程用在付出，去學習更多經驗，更早經歷千錘百鍊，更早可以發光發熱。

在走出憂鬱症之後，我告訴自己，給自己三年的時間改變
自己。

三年前，你的選擇讓你成為現在的你；

三年前，我的選擇讓我成為現在的我。

誰沒有理由跟藉口，但我一直堅持和努力，只為做更好的
自己，我可以，相信你也可以！

把時間用來和喜歡喝酒的人相處，成就了酒量！

把時間用來和喜歡抱怨的人相處，成就了怨婦！

把時間用來和喜歡挑剔的人相處，成就了刻薄！

把時間用來和喜歡學習的人相處，成就了智慧！

沒有所謂的命運，只有不同的選擇！

選擇沒有對錯，只有結果不同！

時間用在哪裡，成就就在哪裡！

第四個禮物

只有累積、沒有奇蹟

　　一天，有個人決定放棄自己的人生。為此，他到森林裡與上帝做最後一次交談：「上帝，我花了五年的時間努力在我的工作上，可是至今我看不到任何成果，你能給我一個讓我不放棄的理由嗎？」

　　上帝的回答令他大吃一驚：「你看看四周，看到那些山蕨和竹子嗎？我播了山蕨和竹子的種子後，給它們光照和水分。」山蕨很快就從地面長了出來，茂密的綠葉覆蓋了地面。然而，竹子卻什麼也沒有長出來。

　　第二年，山蕨長得更加茂密，竹子的種子仍然沒有長出任何東西。兩年過去了，竹子的種子還是沒有發芽。

　　到了第五年，地面上冒起了一個細小的竹子萌芽。與山蕨對比，它小到微不足道。但是，竹子用了四年的時間，才僅僅生長 3 公分，卻在第五年開始，以每天 30 公分的速度瘋狂成長。在這個衝刺期，僅僅用了六週的時間，就長到了 15 公尺。

它花了五年時間來長根，竹子的根給了它生存所需的一切。

上帝對他說：「孩子，這段時間你所做的努力，實際上就是你在扎根的時候。不要拿自己與別人比，只要根基扎得穩，你的時機就快到來了。就像做人做事一樣，不要擔心。」

你此時此刻的付出得不到回報或是看不到成長，請別放棄，因為你的付出都是為了扎根。成就人生需要儲備能量、醞釀成果，只是，有多少人熬不過那 3 公分。

黃智遠的故事：站在客戶的角度想事情

過往時候，說話不是我的專長，我甚至連接觸人群都會害怕，人數超過五個人的場合，我就不太敢講話，經常一群人的聚會，我總是從頭安靜到尾。

這樣的我，卻能夠從事很多業務性質的工作，包括高中時期半工半讀就開始擺地攤，或後來擔任婚紗攝影師，甚至開音樂教室，都需要與人互動，如此內向的我如何把這樣的事做到好，並且成績還不錯呢！甚至現在成立多個事業以及社團、協會，靠的就是同理心、持續的學習、用心做好每件事，累積自己的能力。

◎我沒有自信，但我很能為你著想

我雖然個性自卑，但這不妨礙我可以站在客戶的角度想事情。二十年前，普遍去學得一技之長的人比較多，而當時要學得一門工夫，要花三年四個月才能學成。

而我當學徒一年多就出師了，但我也並非是知名的攝影高

手，頂多就是可以做到職業水準罷了。這樣的我，業績在當時
還算不錯，我比一般攝影師的業績要高個兩、三成，原因就在
於我願意幫客戶著想。

說起來，攝影師也可以說是藝術家的一種，人家說藝術家
都是比較有個性的。我當年拜師，就要對師父畢恭畢敬，師父
講話都很有分量，那個年代在那一行也不講究什麼服務至上、
客戶至上。

由於婚紗攝影是終身大事，客戶都對這件事很重視，對於
影響他們「終身大事」的攝影師們，態度也都比較恭敬。這其
中若有攝影師比較有架子，對客戶擺出專業的傲慢，客戶多半
也敢怒不敢言。拍攝時中規中矩，甚至神經緊繃，付款時也照
正常流程辦理。

但我可能本身因為自卑，本來就沒有傲氣。反過來說，
我是服務至上型的人，我會讓客戶覺得攝影是一件愉快的事。
我會跟客戶說，這是一輩子美好的回憶，所以讓我們一起來感
受，甚至我會導引新人們回憶相戀時的種種，讓照片拍得更有
感覺。

於是找我攝影的客戶們，都能在愉悅氣氛中拍出好相片。
也因為拍照過程愉悅，他們挑照片時，會比一般行情挑選更多

組，也因此，我的業績會比其他人高二、三成。

我後來在不同的行業，賭博性電玩、酒店少爺、擺地攤、賣珍珠奶茶……，包括後來從事業務工作，以我這樣不擅長主動開發的人來說，我的優勢就在於總是願意站在客戶的角度想事情。

例如當時許老師開設音樂教室，我負責所有的行政工作，也負責招生以及和家長溝通，這也算是業務工作。我如何做到好呢？原因是一方面我本身就很愛小孩，願意去了解和小孩有關的事，二方面我為了了解家長的想法，我會把自己融入家長的角色去揣想，如果我是家長，我會想問什麼問題？如果我是學生，我又會有什麼疑惑？所以我親自向老師學琴，站在學生的角度來思考。

我也閱讀了有關樂器的書籍、有關音樂的書籍、了解孩童的書籍，這對我來說並不容易，因為我對音樂一竅不通，但我卻願意以家長跟孩子的角度，看那些音樂相關教材。

就是因為這樣的努力，我當時把和家長溝通這件事做得很好，孩子也都很喜歡我，而當時音樂教室的招生也一直不錯。我經常就像是孩子王般，被孩子們包圍，就像現在女兒說的，我是許多小孩的偶像，這裡讓我驕傲一下，女兒曾經跟我說，

我是她的偶像（驕傲狀）。

以我的食材事業來說，我也是站在客戶的角度去思考，如果我是幼兒園，我會需要什麼？所以我針對客戶的需求，去找到我可以服務的機會，並給予客戶更多。

客戶還沒跟我合作之前，他們需要找五到七家廠商，對她們來說是非常麻煩的一件事，而且食材來源、品質各方面不一，也因為如此，我看到我可以服務的地方，首先我將資源整合，讓他們只要針對我一個廠商就好。

另外，因為衛生局或教育局常會抽查，而我也幫他們找營養師開出菜單，並為他們的食材來源把關，保產品責任險，以及評鑑時所需要的報告等等。就這樣，我用同理心站在客戶的角度，為我的食材事業建立了良好的口碑。

我原本就是沒自信的人，但這樣的我反倒容易設身處地為人著想，所以就算是原本負面的習性，也可以透過轉化變成一種正面的力量。

◎神奇的 0.01

1.01 的 365 次方是多少？相信很多人都不知道，這是日本樂天社長三木谷浩史用來督促自己的公式。1.01 的 365 次方是 37，意思是說，每天只要進步 0.01%，一年後的自己將比現在強 37 倍。

相反的，0.99 的 365 次方是多少？若是每天偷懶一點點，每天減少 0.01，一年後只剩下 0.03 了。哇！這是多麼驚人的一個數字！

一天只要努力進步 0.01，一年後會比現在強 37 倍！更會比每天都退步 0.01 的人強 1000 倍！

身邊許多朋友常常會來向我請教，我是如何轉變的，首先我會問他，你是真的想要改變嗎？大部分的人毫不猶豫的說：「是的！我要改變！」但當我開始問他們一些問題之後，他們就開始支支吾吾：「可是……但是……」我知道這些人還沒準備好改變自己。

當時的我知道自己要改變，但我不知從何做起，於是我選擇面對我最害怕的事──上臺說話。就這樣，我持續一週一週的學習，一點一點的進步，雖然很緩慢，但我日積月累下來，

甚至現在有了自己的事業,並且成為有影響力的人,用自身的經驗分享給更多人,靠的就是這神奇的 0.01。

聚沙成塔、滴水穿石的力量可是不容忽視的!滴水穿石不是水厲害,也不是石頭不厲害,而是時間累積的力量,還有堅持與持續的力量。

在我創辦的「桃園開創學習社」,看見許多人因為每週一次的學習,在家庭上、思想上、人際上都有顯著的成長。在我創辦的「安迪教練＠正向分享圈」裡,也有許多朋友跟我分享,他們因為這每天一篇的文章所帶來的感動,這也讓我有源源不絕的動力,持續去做對的事。

改變是痛苦的,但不改變更加痛苦。

◎好爸爸是學習來的

許多朋友看我跟女兒的相處,大家都覺得我們感情很好,說我把女兒帶得很好,說女兒很懂事、很貼心,接著開始數落他們家的孩子。

我想說的是，每個孩子來到這個世界都是天使！

如果現在覺得他們是個小惡魔，到底是誰的問題？

他們都是學誰的呢？

他們的基因是遺傳自誰呢？

我也曾經不知道如何跟女兒相處，跟多數的父親一樣沒耐心，透過用心學習，才慢慢跟女兒有了深厚的感情，改變了相處的模式，也引導自己跟孩子的思維與行為改變。

我常常分享，過去原生家庭對我們的影響有多大。而現在我們就是我們孩子的原生家庭，過去的因造成現在的果，孩子跟我們未來的果要如何？現在我們就要種下那個因，否則以後就別再說你的孩子如何如何！

我透過看書還有實際生活當中，學到了如何提升親子關係的技巧，姑且不論技巧如何，我覺得用真心跟孩子相處，他們都收得到的！

當然中間還有些工具的輔助，當我學習了這些工具之後，我越來越了解自己，也越來越了解女兒，我們之間的互動就越好，而且我的生命開始不同，因為我知道，我是誰！

而我也因此幫助了許多朋友，讓他們認識自己、認識身邊

的人，透過這樣對自我及對他人的了解，讓親子關係、夫妻關係還有人際關係越來越好，如果可以，未來也希望可以在課程中讓更多朋友找到自己。

🎁 人生的啟示：突破你自己的人生困局

每個人都會變老，但不是每個人都會成長！

改變的力量，會在你下定決心的那一刻從你心中誕生。

花開，不是為了花落，而是為了綻放；

生命，不是為了抱怨，而是為了成長。

人生就像是毛毛蟲一樣，經過不斷的蛻變成長，最後羽化成美麗的蝴蝶！

現在的你，是毛毛蟲嗎？抑或是那困在硬殼中的蛹呢？

雞蛋從外打破是食物；從內打破是生命。

人生，從外打破是壓力；從內打破是成長。

如果別人朝你扔石頭，就不要扔回去了，留著作你建高樓的基石。我們的所有夢想都能實現，只要我們有勇氣去追求。

生活，需要追求；夢想，需要堅持；生命，需要珍惜。

已經發生的，永遠都不可能重來。

沒有一條路走起來是輕鬆的，成功的相反不是失敗，而是什麼都沒做。

第五個禮物

種下善的種子

從小覺得自己很笨，也對未來不敢有什麼想法，那時候覺得我這個人的一輩子就只能這樣，將來不會有什麼成就。

如今的我，不敢說有什麼大成就，但至少我努力去追求各個領域更好的突破，也努力突破自我。

我相信透過我的努力，可以發揮我正面的影響力，帶給更多人正面的影響。

這些改變來自於三個關鍵，第一是「願意」改變，第二是持續的學習，第三是將學習實踐在生活當中。

當我認知到上天讓我留在這世上，我應該是有使命的，後來決心結合自己的人生經驗，投入教育的志業。

透過帶領更多人有效率的學習、多元的學習、終身學習，進而幫助更多人翻轉生命。

現在的我就好像是個農夫，每天所做的每件事都是在播種，所以我更有意識的去生活，每天所思、所言、所行都是在

播下一個種子。也許現在還看不出來什麼，但等到種子發芽、成長、開花、結果，我們就開始收穫，所以因果因果，到底你是種下什麼因，最後就會結出什麼果，不可不慎！

黃智遠的故事：我所投入的教育志業

改變，不是一夕間可成，但只要願意改變，的確可以日有
所成。

經歷過兩次婚姻失敗，以及嚴重的憂鬱低谷，透過這幾年
來的持續學習，才找到可以發自內心的改變。這種改變一定要
出乎自己內心，單靠外在力量的成效很有限。

特別是學習這件事，我認為是影響一個人一生很重要的關
鍵。對孩子們來說，他們還不懂如何有系統的學習，所以國家
需要健全的教育制度，對成人們來說，要如何讓學習成為一種
習慣，也是一種必須「學習」的課題，也就是說應該要學習「如
何學習」。

當我走過低谷，回首前塵往事，我開始想著，如何幫助許
多和我一樣遭遇到各種人生困惑的人。當然，世上需要幫助的
人很多，如果在資源有限下要做選擇，那麼，我覺得「從小扎
根」才是最根本的做法。畢竟以我自身來說，我就是從小就感
到自卑，找不到學習方法，乃至於影響往後二、三十年心境處
在幽暗裡。

◎學習如何學習

40歲那年，我透過學習有所改變，接著我就想，發生在我身上的改變，如何傳達給其他人？

那時候我明確的體悟到，原來老天爺讓我過往經歷過的那些，就是要藉由我當範例，讓大家看見，原來一個曾經那麼懦弱消沉甚至要放棄生命的人，後來還是可以變成心態正面積極、對人們有所啟發、對社會有所貢獻的人。

以此為使命，我開始一步步在工作之餘投入教育的志業，甚至我花在這件事的時間，已經遠遠超過我在本業的時間。

我的作法如下：

一、先充實自己

我從37歲第一次婚姻失敗那時開始陸續上課，尤其第二段婚姻之後，我不斷增加學習的多元化，向海內、外各個名師拜師，累積包含身心靈、NLP神經語言程式學、催眠、皮指紋天賦特質分析、DISC行為風格、心智圖等專業，也取得國際級證照。

以此為基礎，我要開發出一個幫助人們學習的系統。這個

系統，以孩子為主力對象，對成人也一樣適用，而且我覺得成
人更加需要透過學習改變自己、翻轉生命。

二、形成一個團隊

　　人，要找志同道合者。這樣的人要去哪裡找？為此，我
必須積極參加各種社團，透過不斷交流分享，吸引有志一同的
人，共襄盛舉。

　　有了更多願意為教育付出的人參與，我便可以發展教育性
的公益組織，於是 2016 年成立桃園開創學習社，2017 年成立
卓越 ing 講師研修會，2018 年發起全國性的中華開創多元教育
協會，未來三到五年，我還準備成立多元教育基金會，培訓更
多志工老師，去教導更多弱勢家庭、偏鄉地區的孩子。

　　在召集成員的過程中，我上臺演講時總會跟朋友們說，老
天爺就是要我感召更多人一起。

　　為什麼我現在積極成立社團、協會？就是希望讓更多人透
過學習改變生命，我們要讓思維改變，進而改變生命。

當你思維改變，你在面對所有事情時想法就不一樣；

當你想法不一樣，最後做出的選擇就不一樣；

當你選擇不一樣；事情發展的結果就不一樣

當事情發展的結果不一樣，生命就開始不一樣！

只有瘋子才會做一模一樣的事，卻還認為結果會不一樣。就好像有個人想喝酒，卻去販賣機投幣按了可樂，掉下來的是可樂不是酒。然後他又繼續投幣，按下了可樂，掉下來還是可樂不是酒。接著他繼續投幣按了可樂，繼續掉下來可樂，他持續的喝不到酒。

這件事聽起來有點可笑，但不幸的是，在我們的身邊，甚至包括我們自己，每天都在做類似的事，明明想改變生活，卻日復一日做著和昨天同樣的事。有句話說：「夜裡想了百條路，醒來還是走原路。」我想這是很多人的寫照吧！

當然，我跟臺下朋友說，我主要說的是我自己，曾經我是如何的失敗，因為我的自我定位就是笨蛋，註定失敗。我二、三十年來都沒改變過這樣的思維，也難怪我二、三十年來都走不出幽暗陰影。

如果這樣的錯誤作為，來自於小時候埋在心底的錯誤種

子,那麼我們何不同心協力,一起透過學習來讓孩子們從小就在心內播下正確的種子呢?

這將是一個很不一樣的學習性公益協會,我們的教育方式和原本學校安排的課程並不衝突,利用社團的形式,讓孩子們在周間合宜的時段或假日的時段,和家長一起學習「多元化」學習觀念,這裡著重的是觀念養成,是正確的內心自我定位,以及有效的學習方式。

有人好奇,我並不是教育科班出身,為什麼未來願意投入教育志業?我總告訴他們,我不是教育科班,但我的人生就是一場上天安排的最佳試煉。

這件事不是將來的計畫,而是現在進行式。先從有限的地區開始,逐步往北、中、南拓展,另外也開拓讓成人參與的學習場域。

◎適性教育,改變社會

對於教育,以前我覺得資質有愚鈍、聰穎之分,而我則歸類為愚鈍型。現在我可以肯定的說,沒有任何孩子天生比較愚

鈍或天生比較聰穎，正確的說法是，每個孩子的適性不同。

傳統觀念以學校智育科目為標準，判定一個人的聰敏與否，例如考高分的就叫好學生，成績差就是壞學生。但如果換個領域，例如某人的運動神經發達，某人的音樂細胞發達，某人的雙手靈巧擅長工藝等等，就連同樣是智育，也有人數學運算力強，有人的語文敏銳度高。

重點不應該是個別的單一科目，而是如何去學習好這些科目的能力。包括理解力、記憶力、邏輯力、領悟力、歸納力等等，未來協會也會有這方面的訓練。

以我自己為例，過去我整理歸納的能力、邏輯力、理解力、記憶力都非常差，常常一場演講聽完或一本書看完，都不知道在講些什麼，難以吸收。但現在透過有效的記憶法、心智圖的分類概念以及邏輯力訓練之後，現在的學習就可以快速抓到重點，當我懂了背後的邏輯，吸收力頓時快了好幾倍，也可以快速吸收。

我覺得就好像「給人家魚吃，不如教人家如何釣魚」的概念，所有的科目，包括國、英、數、理化，乃至於音樂、工藝等等，每門學問就好比那一條條的魚，魚本身重要，但如果懂得釣魚，更是一生受益無窮。

　　把吃魚（學習單一科目）的思維轉化成釣魚（建立基本學習力，找到每個人適合的學習方式）的思維，這就是我創立協會所致力的改變，我追求學習的改變，當人們願意改變，眼界就會放寬。

　　眼界放寬後，做人做事的格局也會放寬，當做人做事的格局放寬，人生就會不一樣。就好比從前黃智遠的格局，是自我封閉、自卑、自怨自艾的格局，現在的黃智遠則是積極、陽光正面、懂得向外開拓的格局。

　　改變是如此的重要，但初始我最煩惱的還是人力問題。畢竟只靠我一個人，推廣的速度有限，因此，在正式推廣多元化學習前，我要教育的對象是自己以及其他願意嘗試改變的人。我總跟這些未來的老師們說，我們追求的教育願景，可以讓志工老師得到很大的發揮，也許初始沒辦法給予很多講師費，但我相信參與的本身就能帶來好的回饋。

　　當我們想到，一個孩子本來可能自認為不是念書的料，但新的學習方式啟迪，讓他們不再那麼自暴自棄。原來只要適當的技巧，就可以讓學習變得不一樣。那麼他們也就能找回自信，不必像從前的我那樣自卑。

　　要感召的人不只是學生，也包括老師本身，我們協會也要

傳達一個觀念：好的老師可以影響很多人，正如同教育方式錯誤的老師也會影響很多人。就因為一個人的身分是老師，所以更需知覺到「任重道遠」。

我們鼓勵老師們時時提升自己，時時改變自己，就算是原本自認教學方式不錯的老師，有沒有可能因應時代改變，例如網路的各種應用興起，而必須改變自己的教學方式呢？

所以全方位學習不只針對學生，也要提醒老師還有成人們，時時要提升自己。

看重學習的力量及教育的力量，我們如果若搭乘時光機回到三十多年前，看到那時在課堂上的黃智遠，就可以想見，那個總是懦弱低著頭不敢看人的小孩，十年、二十年後會變成怎樣的人。

現在，當我們看到一個孩子是充滿自信的、是有同理心的、是善於溝通自己、勇於表達意見、是一個懂得舉一反三，不只會念書也懂得在日常生活中應用的孩子，這樣的孩子一路上來，到了成人，他將是能帶給社會正面影響的人。

每次光想到這樣的畫面，我就更覺得自己走在一條正確的路上，也深深了解上天讓我從瀕死階段回來，是交給我多大的任務使命。

🎁 人生的啟示：利人、利己、利世界

　　每個人都是不同的種子，開花結果的時間都不一樣，有的人是花，開花的時間快；有的人是果，結果的時間比較久；有的人是大樹，需要更長的時間才看得出來它存在的意義。

　　我以前總是搞不清楚，自己是什麼，看著身邊的人不斷開花結果，心裡很是著急，到底自己是什麼？為什麼不開花也不結果？

　　常常都覺得快走不下去了，但我仍然抱持著信心，上天定有祂的安排。就這樣，我持續學習著，慢慢的，我發現自己不是花也不是果，而是一顆大樹。

　　一開始我就是大樹嗎？其實我也不知道，我只知道我一直給自己一個信念：經歷這麼多風風雨雨，上天定有祂的安排，我只能前進！

　　一路走到現在實屬不易，也因為這樣，我日漸茁壯成為一顆大樹，可以讓許多人在我的樹蔭下獲取他們所需。也因此希望可以有更多人透過學習而改變自己的生命，像我一樣開創自己的生命。

　　我深信命運掌握在自己手中，靠自己去創造，有句話說得

好：「心中無缺叫富，被人需要叫貴。」

　　期望大家看了我們三個人的故事都能有所收穫與成長。也跟我們一起在生命當中去創造，去當個手心向下的人，給予這個世界更多正能量，當個有影響力的人。

第六個禮物

命運靠自己創造

我們不能選擇生長的背景，但可以選擇我們要成為什麼樣的人；我們無法控制他人，但可以掌握自己的人生；我們無法預知未來，但能把握現在。

當我們認清自己生命裡碰到的所有問題都是自己造成的時候，我們的想法會改變，你會專注於改善自我，而不是試圖改變別人，因為你知道只有自己改變了，人生才會改變。

當我們在自憐自己的不幸或抱怨生活時，在世界上的許多角落，比我們更不幸、更貧困的人正努力活著，與其抱怨，不如用心過好每一天，努力改變現狀至我們理想的境界。

雖然無法改變出生環境，但可以改變人生觀；雖然無法改變環境，但可以改變心境；雖然無法調整環境來適應自己的生活，但可以調整態度來適應環境，而態度即會決定命運。

黃智遠的故事：成功沒有奇蹟，只有軌跡！

過去我的成長背景可以說是看盡人間百態，從社會底層靠著一點一滴的努力而有了現在的成果。過往我總是負面、被動、等待，找不到人生的方向；現在的我正向、積極、主動，對未來充滿希望。這些都是一點一滴累積起來，並非一蹴可及。

記得蔡康永曾在書中寫到：「15 歲覺得游泳難，放棄游泳，到 18 歲遇到一個你喜歡的人約你去游泳，你只好說：『我不會耶！』18 歲覺得英文難，放棄英文，28 歲出現一個很棒但要會英文的工作，你只好說：『我不會耶！』人生前期越嫌麻煩，越懶得學，後來就越可能錯過讓你動心的人和事，錯過新風景。」

這也讓我想起了一個千里馬的故事，藉由這個故事，希望可以給各位作為借鏡。

有一匹年輕的千里馬，在等待著伯樂來發現它。

商人來了說：「你願意跟我走嗎？我帶你走遍百山大川！」

馬搖搖頭說：「我是千里馬，怎麼可能為一個商人馱運貨

物呢？」

士兵來了說：「你願意跟我走嗎？我帶你馳騁疆場！」

馬搖搖頭說：「我是千里馬，怎麼可能為一個普通士兵效力呢？」

獵人來了說：「你願意跟我走嗎？我帶你適應野外生存的惡劣環境！」

馬搖搖頭說：「我是千里馬，怎麼可能去當獵人的苦力呢？」

日復一日，年復一年，這匹馬一直沒有找到理想的機會。

一天，欽差大臣奉命來民間尋找千里馬。

千里馬找到了欽差大臣，並對他說：「我就是你要找的千里馬啊！」

欽差大臣問：「你熟悉我們國家的路線嗎？」

馬搖了搖頭。

欽差大臣問：「那你上過戰場、有作戰經驗嗎？」

馬搖了搖頭。

欽差大臣問：「那你擅長野外生存嗎？」

馬搖了搖頭。

欽差大臣說：「那我要你有什麼用呢？」

馬說：「我能日行千里，夜行八百。」

欽差大臣讓牠跑一段路看看。

由於太長時間養尊處優，千里馬雖然用力向前跑去，但只跑了幾步就氣喘吁吁、汗流浹背了。

「你老了，不行！」欽差大臣說完，轉身離去。

許多人覺得自己懷才不遇，卻沒想到今天你做的每一件看似平凡的努力，都是在為未來的你積累能量；今天你所經歷的每一次不開心、拒絕，都是在為未來打基礎，不要等到老了、跑不動了再來後悔！

我們每突破自己一次，就為自己累積了一個新技能，也為自己的未來蓄積能量，當機會來臨時，才能抓得住！

◎「悟到」後的人生

我在心情最糟的時候，甚至連出門都不想，也不會想去教室和一群同學處在同一個室內。那時的我，自己買書來學習NLP神經語言學，自己照書上的練習做。現在想想，這對我

的幫助非常大，所以我持續向老師學習 NLP，並且拿到專業
執行師的證照，而現在我也持續的學習，準備拿高級執行師，
甚至訓練師的證照。

　　我發現來到自省的改變，力量是很強大的。當任何的朋
友勸解你，人生寶貴、人生要惜福等等，對情緒低谷的人來講
這些都是說教。但當自己思考人生，想起自己的使命，那種感
覺完全不一樣。我後來就反思，我曾經心臟主動脈剝離差點死
掉，那麼說來，這條命是老天給我的。

　　接著我告訴自己，老天留我下來，必定是要我為這個世界
做些什麼，於是我帶著這樣的信念勇往直前，也就產生了像金
頂電池般用不完的動力。

　　我「悟到」的瞬間，當我一轉念，很多從前聽過的事、看
過的場景，忽然間有了不同的意義。就好像一路上，我一直拿
著望遠鏡，用相反的那端看事情，怎麼看都一片模糊。忽然間
我悟到了，我把望遠鏡轉成正向，瞬間我看到很多以前看不到
的事。

　　我忽然記起許多老師講過的話，那時聽起來像是在說教，
但現在有了不同的感悟。老師說，我們每天說的話是給別人祝
福還是給別人詛咒，端賴於自己。

　　我們每天都種下一顆種子，是好的種子還是壞的種子，到底結果是好是壞，等長出來就知道，這就是因果。

　　所謂「自食惡果」，就是當初種下不好的種子，可能當初取不義之財或者對人不好，現在變成惡果讓我們不快樂。但當初我們若幫助人，做的事都正派誠信，那就是播下好的種子及善的種子，如果人生以這個角度省思，就會完全不一樣。

　　從那天起，我更積極上課。並且我總不諱言跟朋友說，我的血管裡有顆不定時炸彈，所以我更要把握人生好好做事，這樣的心態是我以前沒有的。

　　記得我的血管剛出狀況時，醫生強調我要少油、少鹽、多休息、多吃水果，不能熬夜、不能提重物、走路要小心、情緒不能起伏太大……，限制一大堆，不可以那樣、不可以這樣，一般人可以做的事如搬重物、刺激的運動、看恐怖影片，我都被禁止。

　　頭一年我很痛苦，覺得什麼事都不能做，人生有什麼意思，但現在我放開了，當然我不會刻意去做激烈的運動，但我也不會整天惶恐著擔心生命結束，我在頓悟後的人生，眼界開始變得寬廣，我帶著上天要我去幫助人的信念，讓自己變得對社會更有貢獻與價值。

◎放對位置是天才，放錯位置是蠢才！

　　愛因斯坦說過：「所有人都是天才。但當你以爬樹的能力去評估一條魚的時候，這條魚此生都會認為自己是愚蠢的。」

　　許多人很羨慕周杰倫會唱歌、周星馳會演戲、麥克喬登會打籃球、老虎伍茲會打高爾夫球。我們發現一件事，他們在很小的時候就發現了，自己對於現在在做的事情有著高度的興趣，好比說老虎伍茲很小的時候就開始打球，麥克喬登也是很小就喜歡打籃球，周杰倫從小就有音樂方面的天賦，可能周星馳從小就愛演戲。

　　請問大家，有沒有人從小就想當歌星，但他不一定能當歌星；也有人可能從小的志願是當總統，但他不一定能當總統。所以各位有沒有發現到一件事情，這些人給我們很好的示範，好像想要做的事情就能做到，夢想就能實現。

　　你希望自己是這種不小心發現到原來這就是我的專長，還是希望早一點了解自己的屬性，發現到自己適合音樂、適合舞蹈、適合當一個發明家，還是適合做一個 CEO，所以是不是越早發現越好？

　　就好比說其它動物跟猴子比，猴子就是比較會爬樹；豹就

是比較會跑，猴子跟豹比，肯定豹會跑比較快；大象就是力氣比較大，你跟大象比力氣，一定比不過，所以每個人有他獨一無二的天性。

有些孩子明明很會賽跑，你卻要他去爬樹，那麼他一定處於劣勢；這個孩子很會游泳，你卻要他去跑步，他可能就發揮不了他的優點。

這個時候，我們回到一個場景，有些孩子很認真，可是成績就是不好；有些孩子一直在玩，可是成績就是比那個很認真的孩子好。有些人很認真工作，可是就是成果不好；有些人輕輕鬆鬆工作，可是成果就是比那個認真工作的人好。大家說有沒有這樣的情形？

事實上，在教育的領域當中，常常聽人說，沒有任何孩子有學習障礙，除非用了不適合他的方法。我們大部分都是用同一種方法在教大家，就是叫大家死記硬背，可是死記硬背並不是適合每個人，有些人死記硬背是 OK 的，有些人死記硬背就會特別辛苦，像我就是從小到大念書特別不在行，所以乾脆直接放棄。

其實每個人有他適合的方法，我也是好不容易才讓自己找到很輕鬆的適合自己的模式，可以讓我有更多時間去做有意義

的事情，自己喜歡做的事情。這也是我現在的志業，讓未來有
更多的朋友透過了解自己，讓自己的人生更事半功倍！

◎愛、行善、感恩是最強大的能量

在這一路成長的過程中，雖然經歷高高低低、起起落落，
也曾徬徨無助找不到自己的方向，以致於渾渾噩噩的過一天
算一天，但後來我的改變，很大原因是因為我開始感恩，甚至
有一段時間，我每天晚上都要找到這一天裡十件值得感恩的事
情，不論什麼事情，就是去看到好的一面，給予感恩。

不論發生什麼事，心中始終懷抱感恩的心，做任何事情我
都會找到值得感恩的地方。誠如我在第一個禮物說的：「找到
挫折背後的禮物。」這也是感恩的一種。

在感恩之中，還有兩個很重要的能量，那就是愛與行善。
讓心中充滿愛，做任何事情以愛為動機，宇宙自然也會回應你
愛的能量。

一個人廣做善事，他就積聚了宇宙間愛的能量。當他有危
險時，他的潛意識會有感知，也比較容易避免災難，這就是中

國人說的「逢凶化吉」。

宇宙間有一個強大的法則，那就是吸引力法則，你的思想是有氣場、有能量、有吸引力的。你想什麼，你就會發射到宇宙中，宇宙就會回應你的想法，給你想要的。

一個人在生活當中帶著愛出發，他得到愛的氣場就會越大，這是我深深的體悟。

讓我們隨時保持正向、積極，心中充滿愛，並在生活中多做好事，我們就可以創造出屬於自己的好磁場，當然也能擁有好機緣！

決定一個人能否成功的不是天分，也不是運氣，而是堅持和付出，是**不停的做**，**重複的做**，用心去做。

當你真的努力了，付出了，你會發現自己潛力無限！天才不是天生的，而是後天努力出來的，記得每天鼓勵自己，越努力，越幸運，越感恩，越幸福！

現在的我回看過往，覺得一切都是最好的安排！過去所發生的一切，都是為了成就更好的自己，而我很幸運，身邊總是有貴人相助，而要貴人相助的祕訣，就是先讓自己成為值得信任的人，在生活中成為言行一致的人！

說你所做，做你所說！

🎁 人生的啟示：真正難倒你的不是環境，而是心態

在沒錢的時候，把勤捨出去，

錢就來了──這叫天道酬勤；

當有錢的時候，把錢捨出去，

人就來了──這叫輕財聚人；

當有人的時候，把愛捨出去，

事業就來了──這叫厚德載物；

當事業成功後，把智慧捨出去，

喜悅就來了──這叫德行天下；

捨得捨得，有捨、就有得！

因果因果，有因、就有果！

真正難倒你的不是環境，而是心態，如果你不相信自己，自然什麼事也做不成。

因此，只要相信自己正在做的事，而且這件事是對世界有貢獻的，就能創造了不起的成就，你就已經走上了成功的道路，命運掌握在自己的手中。

中國人有句話說：「牛牽到北京還是牛！」意思說人們的

個性是很難改變的，也確實如此，但並非無法改變，只需要一些方法跟技巧。未來我可以透過較長時間的工作坊以及體驗式練習，教給大家更多的心態、方法、技巧。只要假以時日，你也能變成你想成為的人，過你想過的生活！

很高興這條路上有大家同行，要感謝的人實在太多，智遠就不在這裡一一感謝，同時，感謝所有的貴人朋友的理解，感謝在我生命中相遇的每個人，特別是支持、鼓勵和陪伴過我的人，感謝生命有您！

我是黃智遠，
我是熱愛生命、享受生活、樂於分享的人！
我承諾創造熱情、關懷、有愛的世界！
以身作則、自助助人、發揮正向影響力！

◆關於創業家◆

黃智遠（安迪教練）

　　曾經事業與婚姻的雙重打擊，讓人生跌入谷底，心臟主動脈剝離歷經生死。然而，就在這樣的生死關頭，讓智遠更加知道「生」的可貴，彷彿聽見上天給我的指示，不要辜負來世上這一遭。現在的我，因著找到了天賦與使命，除了擔任多個事業負責人，也創辦多個社團與教育事業，事業的背後，是要對人們帶來更多的貢獻。

　　每個人都有獨特的天賦，也應該找尋並發揮自己的天賦。如果這輩子我們能善用自身獨特的天賦與熱情來完成我們的工作，那麼每天將是順心美好的日子；我深信每個人都可以透過專業探索，找到屬於自己的「天命」，讓生命不費力的感到精彩與成就。

　　每顆石頭都蘊含著美麗的寶礦，每一種礦石的特性不同，

一個好的雕塑師能將礦石打磨得更加燦爛更加動人。我深信每個人都是自己的雕塑師，用對方法找好工具，就能把自己最擅長最耀眼的寶礦展現出來，每個人都有屬於自己的鑽石。

如今，智遠強烈體認到「天生我才必有用」，我知曉人生最大的富裕，除了外在物質上的財富，還有內在心靈的滿足，而這些都跟自己的天賦與天命息息相關！

我期望能讓所有人都擁有快樂的生命，協助大家學習栽培自己、發掘天賦，「成為生活更容易、更快樂且更富足的人」。

我的座右銘：
以身作則、自助助人、發揮正向影響力。

我的人生使命：
啟發人們創造生命價值、做對社會有貢獻的事。
願我能協助你找到自己最美麗的鑽石，成為自己生命的雕塑師！

【現任】

- 中華華人講師聯盟公關行銷委員會副主委
- 桃園市曼哈頓藝術教育協會副理事長
- 桃園市陽光幼教協會總幹事
- 中華開創多元教育協會創會理事長
- 安迪教練正向分享圈創辦人
- 卓越 ing 講師研修會創會會長
- 桃園開創學習社創社社長
- 田欣餐點食品廠顧問
- 毅勳實業有限公司總經理
- 毅林文教有限公司執行長

【認證】

- Reiki 臼井靈氣三階治療師
- 美國 ABNLP 神經語言程式學專業執行師
- 美國 NGH 催眠師協會催眠執行師
- 英國 TonyBuzan 心智圖法國際認證管理師
- 英國 Discus 行為風格國際雙認證導師
- 中國同理心的力量認證導師
- 皮紋天賦特質分析分析師

【演講邀約與相關連結】

- 臺灣手機：0910-397-085
- 大陸手機：158-8960-9676
- FB：黃智遠（Andy Huang）
- LINE：0910397085
- 微信：andyhuang6963
- E-mail：andy6963@msn.com

安迪教練@正向分享圈　新書發表、課程、講座資訊

18 歲的禮物

三位不同典型的年輕創業家寫給你們的溫馨叮嚀

作　　　者／林曉芬、洪敬富、黃智遠
統 籌 編 輯／黃智遠
美 術 編 輯／孤獨船長工作室
責 任 編 輯／許典春
企畫選書人／賈俊國

總　編　輯／賈俊國
副 總 編 輯／蘇士尹
編　　　輯／高懿萩
行 銷 企 畫／張莉滎・廖可筠・蕭羽猜

發　行　人／何飛鵬
出　　　版／布克文化出版事業部
　　　　　　臺北市中山區民生東路二段 141 號 8 樓
　　　　　　電話：(02)2500-7008 傳真：(02)2502-7676
　　　　　　Email：sbooker.service@cite.com.tw
發　　　行／英屬蓋曼群島商家庭傳媒股份有限公司城邦分公司
　　　　　　臺北市中山區民生東路二段 141 號 2 樓
　　　　　　書虫客服服務專線：（02）2500-7718；2500-7719
　　　　　　24 小時傳真專線：（02）2500-1990；2500-1991
　　　　　　畫撥帳號：19863813；戶名：書虫股份有限公司
　　　　　　讀者服務信箱：service@readingclub.com.tw
香港發行所／城邦（香港）出版集團有限公司
　　　　　　香港灣仔駱克道 193 號東超商業中心 1 樓
　　　　　　電話：+852-2508-6231 傳真：+852-2578-9337
　　　　　　Email：hkcite@biznetvigator.com
馬新發行所／城邦（馬新）出版集團 Cité（M）Sdn. Bhd.
　　　　　　41, Jalan Radin Anum, Bandar Baru Sri Petaling,
　　　　　　57000 Kuala Lumpur, Malaysia
　　　　　　電話：+603-9057-8822 傳真：+603-9057-6622
　　　　　　Email：cite@cite.com.my
印　　　刷／卡樂彩色製版印刷有限公司
初　　　版／2018 年（民 107）6 月
售　　　價／320 元
I S B N／978-957-9699-20-4

城邦讀書花園
www.cite.com.tw
布克文化
WWW.SBOOKER.COM.TW